KB143577

시니맘의

한 그릇 유아식

시니맘의
한 그릇 유아식

초판 1쇄 발행 2023년 8월 30일
초판 4쇄 발행 2024년 6월 3일

지은이 시니맘(박지혜)

발행인 장상진
발행처 경향미디어
등록번호 제313-2002-477호
등록일자 2002년 1월 31일

주소 서울시 영등포구 양평동 2가 37-1번지 동아프라임밸리 507-508호
전화 1644-5613 | **팩스** 02) 304-5613

ISBN 978-89-6518-342-6 13590

· 값은 표지에 있습니다.
· 파본은 구입하신 서점에서 바꿔드립니다.

시니맘의 한 그릇 유아식

엄마도 아이도 행복한
영양 만점 레시피 100

시니맘(박지혜) 지음

경향미디어

아이가 완밥하는 그날까지 한 그릇 유아식

아이가 밥을 안 먹으면 그것만큼 속상한 일이 없습니다. 아이가 매일 완밥하는 영상을 올려서 첫째아이 시니가 처음부터 잘 먹는 아이인 줄 오해하시는 분이 많지만 실제는 그렇지 않습니다. 시니는 이유식을 할 때부터 잘 먹지 않아서 정말 힘들었어요. 한입도 먹지 않은 이유식을 버리는 날이 늘어가자 말귀도 못 알아듣는 아이를 붙들고 제발 먹어달라고 사정을 했던 날도 있었어요. 아이가 음식 입자나 식재료가 낯설어 그러나 싶으면서도 '왜 우리 아이는 잘 먹지 않을까?' 하고 답 없는 고민으로 점점 마음은 무너져 내렸어요.

이유식 시기를 그렇게 보내고 유아식만큼은 잘 먹이고 싶었어요. 아이의 성장 과정을 기록하는 것처럼 식사 시간을 기록했어요. '식판샷'을 찍어 인스타그램과 네이버 블로그에 올리고 아이가 먹는 영상도 매일 찍어 올렸습니다. 아이를 잘 먹이고 싶다는 일념 하나로 아이의 먹거리에 대해 항상 고민하고 연구했어요.

그런 기록을 통해 엄마의 간절함이 전해졌을까요. 놀라운 변화가 일어났습니다. 한 분 한 분 팔로워가 늘어 15만이라는 숫자가 되었다는 점도 놀랍고 기쁜 일이지만 더 기쁜 변화가 있습니다. 바로 식욕 없고 편식 심하던 아이의 식습관이 바뀌어 완밥하는 아이가 되었다는 것입니다.

운이 좋게도 둘째아이는 식욕이 강하고 잘 먹는 아이입니다. 똑같은 식단을 줘도 잘 먹는 아이가 있는 반면 잘 안 먹는 아이가 있어요. 인스타그램의 댓글이나 디엠으로 "시니맘은 음식을 잘해서 아이가 잘 먹는 거 같아요."라고 말씀하시는 분들이 있어요. 음식 솜씨와 아이의 식욕은 전혀 상관관계가 없어요. 잘 먹던 아이도 안 먹을 수 있고 잘 안 먹던 아이도 잘 먹을 수 있어요.

지금도 아이가 입이 짧아 고민인 엄마, 아빠가 많을 거예요. 엄마, 아빠의 노력으로 좋은 방향으로 이끌고 변

화시킬 수 있다고 말씀드리고 싶어요. 아무것도 하지 않으면 아무 일도 일어나지 않아요. 엄마, 아빠의 노력이 아이를 바꿀 수 있어요.

간식도 먼저 달라고 한 적이 없을 정도로 식욕이 없던 첫째아이 시니는 정말 많이 달라졌어요. 좋아하는 음식이 많아졌고 먼저 만들어달라고 요구하는 음식도 다양해졌어요. 아이가 좋아하는 음식을 찾아내는 것이 엄마의 과제라고 생각해요. 다양한 요리를 만들어주면 아이의 식성에 맞는, 아이가 좋아하는 음식을 발견하게 될 거예요.

아이 둘을 양육하는 일은 쉽지 않은데 하루 일과 중 가장 행복하면서도 힘든 일이 밥 차리는 일이었어요. 인플루언서라는 직업을 가져 집에서 일을 할 수 있었지만 항상 바빴어요. 바쁘다는 이유로 아이들 끼니를 대충 차려주기는 싫어서 영양가 있는 한 그릇 요리를 자주 만들었어요.

한 그릇 요리는 많은 엄마의 호응을 받았습니다. 이후 저를 포함하여 바쁜 엄마들을 위해 최대한 다양하게 한 그릇 요리 레시피를 구성하고 공유했습니다. 이 책에 실린 레시피는 인스타그램에 올린 식판식과 한 그릇 요리 레시피 중 인기 있던 것입니다. 하나같이 간단히 만들 수 있으면서 영양가 있는 요리를 해주고 싶은 엄마의 마음이 담긴 한 그릇 메뉴들입니다.

한 그릇 요리를 해주다 보면 아이가 좋아하거나 싫어하는 메뉴를 알게 될 거예요. 한 그릇 요리로 아이에게 다양한 식재료를 접하게 해주세요. 싫어하는 식재료라도 조리법을 바꿔보며 시도해보세요. 아이가 완밥하는 데 이 책의 레시피가 도움이 되길 바랍니다.

시니맘

차례

PART 1

간단하게 볶아 얹어 먹는 영양 만점 덮밥

한꺼번에 뚝딱 볶아 완성하는 볶음밥&밥전

조금 색다른 밥이 먹고 싶을 때 주먹밥&비빔밥&리소토

잘게 갈아 꿀떡꿀떡 맛있는 죽

밥 말고 딴 거! 후루룩 짭짭 면요리

맛도 있고 몸에도 좋은 간식

이 책의 구성

② 재료 표기

한 그릇의 유아식을 완성할 수 있는 재료 용량을 표기했습니다.
상황에 따라 용량을 조절해도 됩니다.

① 파트 구분

조리법과 음식 종류에 따라
파트를 구분하였습니다.

③ 양념 표기

양념이 필요한 레시피는 따로 용량을 표기했습니다.
아이의 입맛과 연령에 따라 조절해주세요.

④ 과정 설명

과정별로 설명을 달았습니다.
필요한 경우 사진을 추가하여 과정을 설명하였습니다.
사진과 설명만으로도 간단히 따라 할 수 있게 구성하였습니다.

⑤ TIP

과정 외에 한그릇 유아식으로 완성하는 데
도움이 되는 내용을 정리하였습니다.

주 재료별 요리 목록표

냉장고 속 재료들로 어떤 요리를 만들어야 할지 고민이 될 때 주 재료별 요리 목록표를 활용해주세요. 한눈에 볼 수 있어 메뉴 정하기가 수월해 엄마들의 메뉴 고민 시간을 덜어줄 수 있어요.

	덮밥	볶음밥&밥전	주먹밥&비빔밥&리소토	죽	면요리	간식
가지	마파가지덮밥 40	소고기가지볶음밥 92			소고기가지파스타 198	
감자	감자치즈덮밥 38 닭고기감자조림덮밥 46 새우감자조림덮밥 52	베이컨감자볶음밥 102	크래미감자주먹밥 130			감자토스트 208 감자팝콘 206 달걀감자샐러드빵 210 크래미감자봉 232 해시브라운 224
고구마						고구마그라탕 220 고구마달걀전 218 고구마치즈호떡 212
김	김두부조림덮밥 54			두부김죽 178	김크림파스타 200	
단호박				단호박죽 166		
달걀	달걀두부밥 82 달걀치즈밥 26 당면달걀덮밥 44 두부달걀수프덮밥 36 소보로덮밥 42 애호박달걀덮밥 34 일본식달걀덮밥 56 토마토달걀덮밥 78 팽이버섯달걀덮밥 30	두부달걀볶음밥 104 불고기밥전 124 새우밥전 126 크래미달걀볶음밥 96	삼색주먹밥 134 소고기밥머핀 144	채소달걀죽 162 크래미달걀죽 164	달걀우동 186	감자토스트 208 고구마달걀전 218 달걀감자샐러드빵 210 두부달걀전 230 새우프리타타 222
닭고기	닭고기감자조림덮밥 46 데리야키치킨덮밥 60		닭고기두부리소토 154 닭고기버섯간장크림리소토 152	닭고기버섯죽 170		까르보나라치킨 226
당근	당근카레덮밥 70		삼색주먹밥 134			당근치즈전 228 채소너겟 214
당면	당면달걀덮밥 44 소불고기당면덮밥 76					
돼지고기	일본식돼지고기덮밥 74	목살필라프 120				
된장				소고기배추된장죽 180		

개월수에 따른 적정 배식량

우리 아이가 적정 양을 먹고 있는지, 영양분을 골고루 섭취하고 있는지 궁금하시죠? 유아식 초기에서 완료기로 갈수록 섭취량은 증가해요. 아이들의 시기별 적정 배식 권장량을 알려드립니다. 유아식을 만들 때 참고해주세요.

1. 유아식 초기(12~17개월)

약 100g = 밥 70g + 주재료 20g + 부재료 10g

2. 유아식 중기(18~24개월)

약 140g = 밥 90g + 주재료 25g + 부재료 25g

3. 유아식 후기(25~36개월)

약 160g = 밥 100g + 주재료 30g + 부재료 30g

4. 유아식 완료기(37개월 이후)

약 200g = 밥 120g + 주재료 40g + 부재료 40g

주의

- 주재료, 부재료의 양은 참고만 해주세요.
- 메뉴마다 그램(g) 수는 달라질 수 있고, 아이의 발달 정도와 체중에 따라서도 다를 수 있어요.

시니맘 한 그릇 유아식에 곁들일 반찬이나 국

한 그릇 유아식은 영양분을 듬뿍 담아 밑반찬 없이 차려도 되지만 곁들이면 더 좋은 반찬과 국을 간단히 소개합니다.

- 보통 아기 김치나 콩장, 장조림 같은 밑반찬이 잘 어울려요.
- 파스타나 리소토와 같은 메뉴에는 피클이나 오이무침, 아기 동치미를 곁들여주세요.
- 국수, 우동과 같은 메뉴에는 김치, 깍두기 등이 잘 어울려요.
- 볶음밥이나 주먹밥과 같은 메뉴에는 국을 곁들이면 좋아요. 메뉴마다 차이가 있지만 달걀국이나 된장국이 잘 어울려요.

시니맘 한 그릇 유아식 양념 및 재료

간장(얼라맘마)

국산 재료만을 사용하여 만든 순한 맛간장입니다. 얼라맘마 아기맛간장 하나만 있으면 비빔부터 볶음, 조림, 국물 요리까지 모두 가능해요. 유아식의 기본이 되는 간장은 최대한 순한 제품으로 선택해주세요.

소금(아이배냇)

간장과 함께 자주 사용하는 소금은 아이배냇 제품을 사용하고 있어요. 바닷물에 의한 오염 가능성이 적은 호수염을 사용하고 해조칼슘을 첨가해 칼슘 흡수율을 높인 제품입니다. 영양 정보 표시에서 나트륨 양을 확인할 수 있어요.

설탕(마스코바도)

시니맘마에 설탕은 많이 사용하지 않지만 요리에 따라서는 필요할 때가 있어요. 설탕은 일반 설탕이 아닌 마스코바도 비정제설탕을 사용해요. 사탕수수의 깊은 향과 단맛을 내고 화학정제나 당밀분리를 하지 않아 사탕수수 미네랄이 그대로 남아 있는 설탕이에요. 화학정제와 표백을 하지 않고 자극적이지 않아 유아식에 사용하기 적합해요.

굴소스(초록마을)

소량만 넣어도 맛있는 요리로 만들어주는 소스입니다. 초록마을 굴소스는 신선한 국내산 굴로 만들어 깊고 풍부한 감칠맛을 더해줘요. 각종 볶음요리, 볶음밥, 덮밥 소스에 다양하게 활용해보세요.

올리고당(두레생협)

시니맘마에 자주 쓰는 올리고당은 프락토올리고당이에요. 유기농 설탕으로 만든 프락토올리고당으로 설탕보다 낮은 칼로리로 자극적이지 않은 단맛이 나요. 유기가공식품으로 인증된 제품으로 설탕이나 물엿 대신 사용할 수 있어요.

맛술(초록마을)

국내산 쌀로 빚은 맑은 청주에 매실식초, 배농축과즙액 등을 넣어 배합한 초록마을 맛술은 고기 누린내와 생선 비린내를 깔끔하게 잡아줘요. 고기에 넣으면 연육 작용도 하고 생선은 단단하게 만들어주는 역할을 해요. 소량만 넣어도 은은한 단맛과 감칠맛을 더할 수 있으니 여러 요리에 활용해보세요.

마요네즈(잇츠베러)

달걀 대신 국내산 약콩으로 만든 순식물성 마요네즈입니다. 일반 어른용 마요네즈는 달걀로 만들어 달걀 알레르기가 있는 아이들은 먹지 못하고 알레르기가 없더라도 자극적일 수밖에 없어요. 잇츠베러의 마요네즈는 화학 합성보존제가 아닌 로즈메리 추출물과 레몬 농축액을, 일반 설탕 대신 비정제 사탕수수당과 조청을 사용하여 건강한 단맛을 냈어요. 일반 마요네즈보다 덜 자극적이고 약콩으로 만들어 고소한 맛이 납니다.

케첩(하인즈)

케첩은 튀김요리, 볶음밥 등 다양한 요리에 활용할 수 있고 아이들이 좋아하는 소스입니다. 오랜 기간 입증된 하인즈 케첩 중 유기농 케첩을 사용하고 있어요. 미국 농무부가 인증하고 유기농 원재료만으로 만든 건강한 토마토케첩이에요.

참기름(초록마을, 한살림)

참기름은 나물무침부터 비빔밥 등에 빼놓을 수 없는 소스입니다. 초록마을에서는 유기농법으로 재배한 통참깨를 전통 방식 그대로 딱 한 번만 짜내, 마지막 한 방울까지 고소한 유기농 발아 참기름을 맛볼 수 있어요. 발아 과정에서 3회 이상 깨끗이 세척해 요리에 두르면 고소한 풍미를 더해줍니다.

식용유

식용유는 올리브유나 현미유를 사용하고 있어요. 올리브유는 엑스트라버진 올리브유를 사용하고 현미유는 리지 현미유를 사용해요. 리지 현미유는 소포제나 방부제, 기타 첨가물을 넣지 않은 순도 100% 현미유여서 아이 음식에 믿고 사용하고 있어요. 특유의 기름 냄새가 적어 담백한 요리를 만들 수 있어요.

들깨가루(초록마을)

들깨가루를 넣으면 고소한 풍미가 더해져서 다양한 요리에 활용하고 있어요. 초록마을 들깨가루는 국내산 들깨를 볶은 후 곱게 간 제품입니다. 들깨가루를 넣어 국을 끓이거나 나물을 무치면 고소함이 한층 더해집니다.

카레가루, 짜장가루(초록마을, 한살림)

카레가루, 짜장가루는 초록마을, 한살림 제품을 사용하고 있어요. 덮밥 소스뿐만 아니라 튀김이나 부침개 반죽에 소량 넣으면 감칠맛을 더해줍니다. 초록마을 카레, 짜장 가루는 국내산 전분가루와 밀가루로 만들어 안심하고 먹일 수 있어요.

부침가루, 빵가루(한살림)

아이들 간식 만들 때 필요한 부침가루, 빵가루는 한살림 제품을 사용하고 있어요. 한살림 부침가루는 무농약 우리밀 흰밀가루에 국산 감자가루와 국산 쌀가루 등을 알맞게 배합한 제품이에요. 한살림 빵가루는 식빵을 직접 구워 만들었기 때문에 고소하고 바삭바삭하게 튀겨낼 수 있어요.

감자전분

전분가루(새롬식품)

전분가루는 100% 국내산 감자로 만든 새롬식품 전분가루를 사용하고 있어요.

새우, 생선(생선파는언니)

새우와 생선 등은 생선파는언니 제품들을 사용하고 있어요. 소량으로 낱개 포장된 냉동제품으로 조리하기 편하고 방사능 검사까지 철저하게 하여 안심하고 먹일 수 있어요.

김(진맛김)

김은 진맛김 제품을 사용하고 있어요. 직접 짠 참기름으로 구운 원초 함유량 90% 이상의 프리미엄 김입니다. 반장김(조미/무조미), 돌자반, 기본 조미김 등 종류가 다양해 온 가족이 즐길 수 있어요.

시니맘 한 그릇 유아식 도구

프라이팬(네오플램)

이 책에 사용한 제품은 네오플램 피카 쁘띠웍입니다. 달걀프라이나 간단한 볶음류, 국물요리도 가능하고 사이즈가 작아 유아식 조리에 유용해요. 모든 열원에서 조리 가능하고 1,600여 가지 유해물질 무검출 테스트를 통과하여 안심하고 사용할 수 있어요.

냄비(트루쿡)

이 책에 사용한 제품은 트루쿡 편수 냄비입니다. 모든 열원에서 조리 가능하고 사이즈가 작아 유아식 조리용으로 유용합니다. 친환경 100% 세라믹 코팅으로 안전하고 오랫동안 사용할 수 있어요.

우드 조리도구

코팅팬에 스크래치 위험을 줄이기 위해 우드 제품을 사용합니다. 우드 제품은 세척, 건조, 오일칠 등 관리가 필요해요. 관리가 어렵다면 스테인리스나 실리콘 재질의 조리도구를 사용하는 게 좋아요.

채망(키친블루밍)

국내산 스테인리스로 만든 채망입니다. 국물요리를 할 때 멸치, 다시마를 건지거나 재료의 물기를 뺄 때 사용해요.

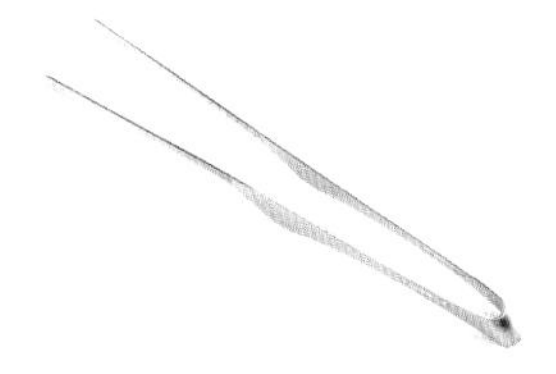

집게(국민종합유통)

유아식을 만들 때는 큰 집게보다는 조리용 핀셋을 주로 사용합니다.

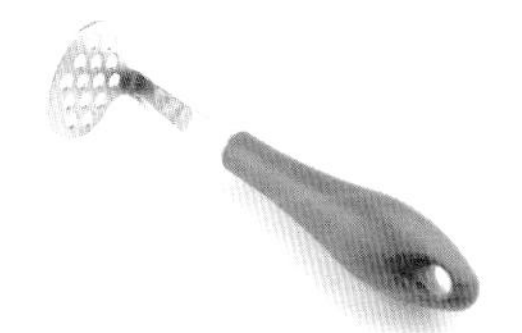

매셔

감자, 고구마, 달걀 등을 으깰 때 사용하는 도구입니다. 포크를 사용해도 무방하지만 매셔가 있으면 유용해요.

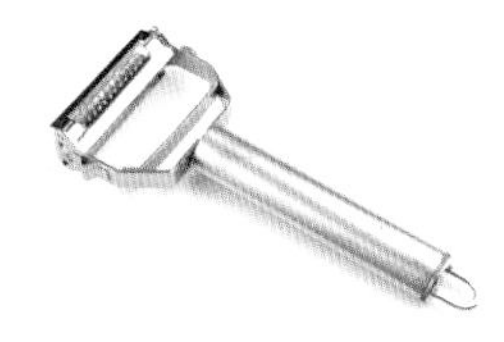

감자칼(깔끔대장)

채썰기, 필러, 도려내기까지 3가지 용도로 사용할 수 있는 만능채칼입니다.

실리콘 아기 수저(마더케이)

숟가락질이 서투른 개월수의 아기는 숟가락질을 하다가 다칠 수 있어요. 그런 아이들에게는 실리콘 수저가 적합해요. 열탕 소독이 가능해 관리가 용이해요.

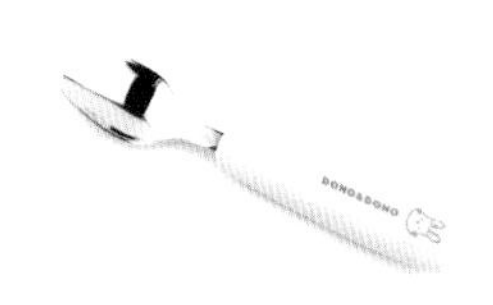

스테인리스 아기 수저(도노도노)

숟가락질을 능숙하게 할 수 있는 개월수의 아기에게 적합해요. 스테인리스는 끝이 날카로워 재료를 쉽게 집을 수 있어요.

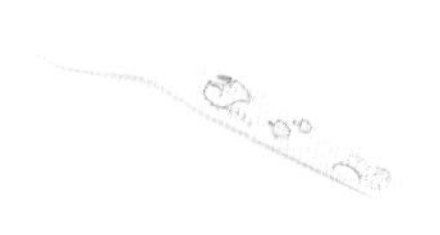

플라스틱 아기 수저(데일리라이크)

끝이 날카롭지 않아 아이가 안전하게 사용할 수 있고 디자인이 예쁜 제품이 많아요. 일반적으로는 열탕 소독이 불가해요.

실리콘 그릇(마더케이)

흡착이 되거나 그릇이 묵직한 제품이 많아 유아식 초기의 아이들에게 적합해요. 냄새나 색이 밸 수 있고 세척이 어렵다는 단점이 있지만, 전자레인지에 사용할 수 있고 열탕 소독이 가능하다는 장점도 있어요.

도자기 그릇(디어미니하우스, 쓰임)

디자인이 다양하고 예쁜 식기가 많아요. 전자레인지나 식기세척기에 사용할 수 있어요. 단, 아이가 식탁에서 떨어뜨리면 파손될 위험이 있어요.

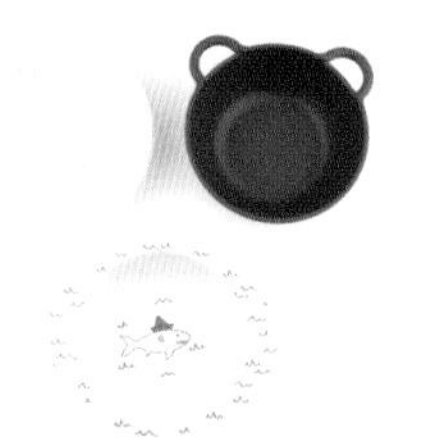

플라스틱 그릇(데일리라이크, 어웨이큰센스, 나인웨어)

디자인이 다양하고 예쁜 식기가 많아요. 제품마다 차이가 있지만 전자레인지나 식기세척기 사용이 가능한 제품도 있어요. 세척이 용이하고 가벼운 것이 특징입니다.

재료 써는 법

1. 깍둑썰기

재료를 주사위 모양으로 써는 방법입니다. 주로 밑반찬이나 덮밥 메뉴에 사용해요.

2. 채썰기

재료를 얇게 저며 가늘게 써는 방법입니다. 주로 덮밥 소스나 전 요리에 사용해요.

3. 다지기

재료를 잘게 써는 방법입니다. 씹는 게 익숙지 않은 유아식에 자주 사용해요.

계량법

이 책에서는 밥숟가락과 티스푼으로 계량을 했어요. 꼭 같은 브랜드와 모양이 아니어도 밥숟가락과 티스푼의 용량은 비슷하니 집에 있는 숟가락으로 기준을 정해 책의 레시피를 활용해주세요.

1큰숟가락 = 10ml, 1티스푼 = 2.5ml

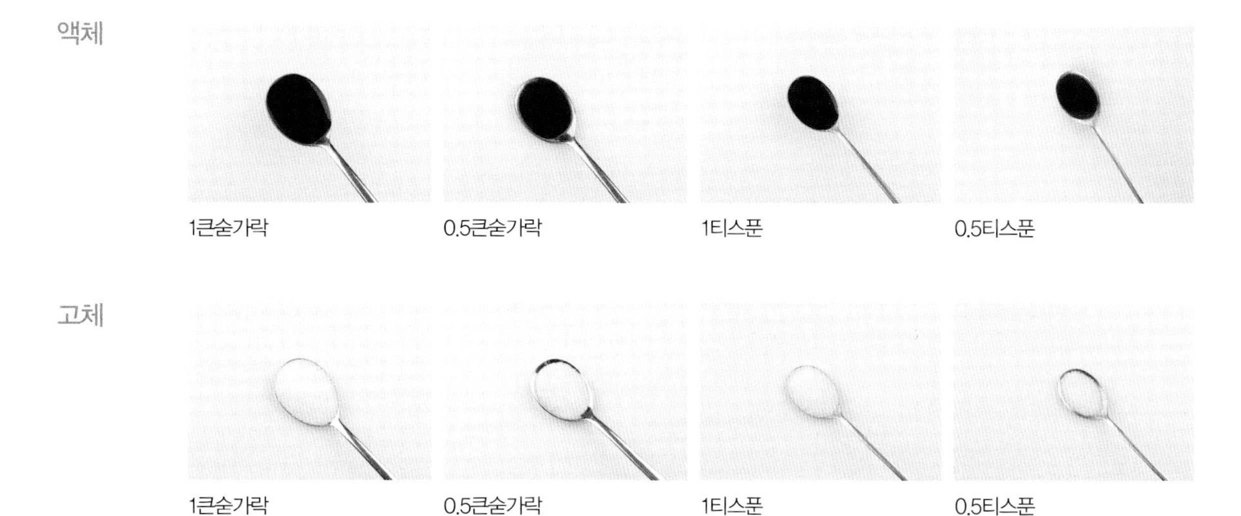

시니맘 유아식 Q&A

Q. 유아식은 언제 시작하나요?

A. 일반적으로는 돌 전후로 유아식을 시작하는데 아이의 발달 정도나 이유식을 받아들이는 정도에 따라서 차이가 있을 수 있어요. 첫째 시니는 이유식 거부가 심해서 11개월에 유아식을 시작했고, 둘째 샤니는 이유식을 워낙 잘 먹어서 돌 이후에 천천히 유아식을 시작했어요. 아이가 이유식을 안 먹거나 흥미가 없을 때 유아식을 시도해보세요.

Q. 아직 무염식 진행 중인데 가염식 레시피는 어떻게 활용해야 하나요?

A. 메뉴마다 차이가 있지만 소금, 간장 등을 생략하고 조리법을 그대로 따라 하면 됩니다.

Q. 볶음밥, 덮밥 등 만든 후 냉동 보관해도 되나요?

A. 가능합니다. 냉동 후 한 달 안에 소진하는 걸 추천해요. 덮밥류는 소스만 따로 담아 두고 냉동한 후 먹기 전에 전자레인지에 돌려 밥과 함께 주세요.

Q. 세끼 모두 한 그릇 요리를 줘도 되나요?

A. 세끼 모두 한 그릇 요리를 줘도 됩니다. 한 그릇으로도 영양분을 충분히 공급할 수 있어요. 하지만 재료 본연의 맛을 탐색하기에는 제한이 있을 수 있으니 식판식도 병행해주세요.

Q. 아이가 한 그릇 요리를 싫어해요!

A. 밥과 재료가 섞인 식감을 싫어하거나 아이가 싫어하는 재료를 넣은 메뉴라 그럴 수 있어요. 재료를 잘게 다진 후 오래 볶아 푹 익혀주세요. 아이가 싫어하는 재료를 많이 넣지 말고 소량씩 넣어 점점 늘려주세요.

Q. 채소 편식 고치는 방법이 있나요?

A. 시니와 샤니도 채소를 안 좋아하는 시기가 있었어요. 둘째 샤니는 현재 진행 중이고 첫째 시니도 잘 먹다가도 한 번씩 채소 편식이 찾아옵니다. 채소를 싫어하면 잘게 다져 볶음밥이나 국물요리의 재료로 넣어주세요. 채소 너겟이나 채소를 넣은 부침개를 주면 잘 먹을 거예요.

Q. 언제부터 간을 시작했나요?

A. 아이가 잘 먹는다면 간을 늦게 해주는 게 좋지만 점점 크면서 그러는 게 쉽지 않아요. 시니는 특히나 이유식도 잘 안 먹었고 유아식을 일찍 시작해서 가염식을 15개월에 접했어요. 아이가 잘 먹지 않아서 잘 먹이려고 다양한 요리를 해주려다 보니 가염식은 필수였어요. 간을 시작하는 시기는 엄마의 선택이에요. 식사는 무염식으로 하면서 간식을 많이 주기보다는 균형 잡힌 영양소를 위해서 저염식으로 구성하고 간식을 조절하는 걸 추천합니다.

Q. 아이와 외출할 때 식사 팁이 있나요?

A. 아이가 어릴 때에는 외식이 어렵죠. 집에서 볶음밥이나 덮밥을 만들어서 도시락을 싸갖고 다니거나 햇반, 김을 챙겨서 다녔어요. 보통의 식당에서는 전자레인지를 요청하면 데워줍니다. 주먹밥이 간단해서 좋아요. 비닐장갑을 챙겨서 나가면 더 좋아요.

Q. 아이가 자꾸 뱉어요!

A. 시니와 샤니 모두 뱉는 시기가 있었어요. 아이가 뱉는 이유는 크게 2가지예요. 식감과 맛 때문이에요. 유아식을 처음 시작하면 입자와 농도가 이유식과 달라서 아이가 씹고 넘기기에 부담스러울 수 있어요. 한 번에 삼키지 못하니 재료를 최대한 잘게 다지고 물이나 국물을 함께 주세요. 그렇게 했는데도 아이가 자꾸 뱉는다면 아이가 먹기 싫은 식재료일 수 있어요. 재료를 바꾸거나 다른 맛의 음식으로 만들어주세요.

Q. 아이 주도를 하지 않아도 되나요?

A. 첫째 시니는 아이 주도를 하지 않았고 둘째 샤니는 아이 주도를 시도하고 있어요. 아이 주도를 무조건 추천하지는 않아요. 아이마다 성향이 다르기 때문이에요. 아이 주도의 장점도 있지만 식욕이 없는 아이에게는 오히려 역효과가 날 수 있어요. 엄마가 먹여주는 걸 먹지 않으려 하고 혼자 먹으려는 아이, 편식 없는 아이라면 아이 주도를 시도해도 좋지만 그렇지 않으면 엄마가 떠먹여주는 것도 좋은 방법이에요.

간단하게 볶아 얹어 먹는

영양 만점 덮밥

달걀치즈밥

아침밥으로 추천하는 메뉴입니다. 바쁜 아침에 전자레인지로 뚝딱 만들 수 있어요.
재료는 평범해도 아이들이 잘 먹어서 자주 찾게 돼요.

소고기 다짐육 30g, 당근 10g, 애호박 10g, 양파 10g, 달걀 1개, 우유 20ml, 아기간장 1티스푼, 아기치즈 1장, 밥 100g

1 소고기 다짐육은 키친타월로 핏물을 빼고 당근, 애호박, 양파는 잘게 다지고 달걀은 풀어주세요.

2 기름을 둘러 소고기 다짐육을 약 1분간 볶아주세요.

3 당근, 애호박, 양파를 넣고 약 1분간 볶아주세요.

4 전자레인지 사용 가능한 용기에 밥과 볶은 재료를 담고 달걀물과 우유, 아기간장을 넣고 잘 섞어주세요.

5 전자레인지에 넣고 약 1분 30초간 돌려주세요.

6 아기치즈를 올려 약 30초간 더 돌려주세요.

- 실리콘이나 유리용기에 담아주세요. 우유는 물로 대체 가능해요.
- 전자레인지 사양마다 조리 시간은 다를 수 있어요.

두부마요덮밥

2022년 시니맘픽 베스트 메뉴로 뽑았을 정도로 후기가 좋았던 메뉴입니다.
두부와 달걀 그리고 마요네즈가 얼마나 잘 어울리는지 느낄 수 있어요.

두부 70g
달걀 1개
대파 2g
구운 김 조금
통깨 조금
밥 100g

아기간장 1티스푼
올리고당 0.5티스푼
마요네즈 2티스푼

1 두부는 면보로 물기를 제거하고 대파는 송송 썰어주세요. 구운 김을 잘게 자르고 달걀은 풀어주세요.

2 기름을 둘러 달걀물을 붓고 대파를 넣어 스크램블을 만들어주세요.

3 달걀을 건져내고 팬을 한번 닦아낸 후 마른 팬에 두부를 으깨고 수분을 날려가며 약 1분 30초간 볶아주세요.

4 아기간장과 올리고당을 넣고 약 30초간 볶아주세요. 그릇에 밥을 담고 볶아놓은 달걀, 두부를 올리고 김 고명을 올린 후 마요네즈와 통깨를 뿌려주세요.

• 면보가 없으면 키친타월을 여러 겹 겹쳐 두부를 꾹 눌러 물기를 제거해주세요.

팽이버섯달걀덮밥

목 넘김이 부드러워 치아가 많이 없는 어린아이도 즐길 수 있는 달걀덮밥입니다.
시니, 샤니 모두 좋아하고 잘 먹는 메뉴입니다.

팽이버섯 30g
달걀 1개
양파 20g
대파 3g
통깨 조금
밥 100g

물 100ml
아기간장 1티스푼
올리고당 1티스푼

1 팽이버섯은 밑동을 제거하고 먹기 좋게 썰고 달걀은 풀어주세요. 대파는 송송 썰고 양파는 잘게 다져주세요.

2 기름을 둘러 양파를 약 1분간 볶다가 팽이버섯을 넣어 약 1분간 더 볶아주세요.

3 분량의 양념을 넣고 약 1분간 끓여주세요.

4 달걀물을 붓고 대파를 넣어 약 1분간 끓여주세요. 밥과 함께 그릇에 담아내고 통깨를 뿌려주세요.

소고기콩나물덮밥

콩나물의 아삭한 식감을 싫어하는 아이들에게 추천하는 메뉴입니다.
전분물이 들어가 목 넘김이 부드러워 콩나물까지도 후루룩 마셔버릴 수 있답니다.

소고기 다짐육 40g
콩나물 40g
대파 5g
전분물 2큰숟가락
참기름 조금
통깨 조금
밥 100g

물 150ml
아기간장 1.5티스푼
올리고당 1티스푼
맛술 0.5티스푼

1. 소고기 다짐육은 키친타월로 핏물을 빼고 대파는 송송 썰어주세요. 물과 전분가루를 1:1 비율로 섞어 전분물을 만들어주세요.

2. 기름을 둘러 소고기 다짐육을 약 1분간 볶아주세요.

3. 콩나물을 넣고 약 1분간 볶아주세요.

4. 분량의 양념과 대파를 넣고 약 2분간 끓여주세요.

5. 전분물을 넣어 농도를 맞춰주세요.

6. 가스불을 끄고 참기름과 통깨를 뿌린 후 밥과 함께 그릇에 담아주세요.

• 전분물은 1숟가락씩 넣어 원하는 농도를 맞춰주세요. 한 번에 많이 넣으면 뭉칠 수 있으니 소량씩 넣고 빠르게 저어주세요.

애호박달걀덮밥

애호박을 달달 볶고 달걀물을 부어 부드러운 덮밥을 만들어보세요.
재료와 과정이 정말 간단한 것에 비해 맛은 훌륭하답니다.

애호박 30g
양파 40g
달걀 1개
통깨 조금
밥 100g

다시마 우린 물 150ml
아기간장 1.5티스푼
올리고당 1티스푼
맛술 0.5티스푼

1 자른 다시마 1장을 물에 넣고 약 10분간 우리고 애호박과 양파는 채썰고 달걀은 풀어주세요.

2 기름을 둘러 양파를 약 2분간 볶아주세요.

3 애호박을 넣고 약 1분간 볶아주세요.

4 분량의 양념을 넣고 약 5분간 끓여주세요.

5 달걀물을 부어 약 1분간 그대로 끓여주세요. 밥과 함께 그릇에 담고 통깨를 뿌려주세요.

• 애호박은 으스러질 수 있으니 살살 저으며 볶아주세요.

두부달걀수프덮밥

아이가 목이 아플 때나 아침에 간단히 먹을 때 추천하는 메뉴입니다.
목 넘김이 부드럽고 부담이 없습니다.

멸치다시마육수 150ml, 두부 40g, 달걀 1개, 당근 10g, 애호박 10g, 양파 10g, 전분물 2큰숟가락, 참기름 조금, 밥 100g

아기간장 0.5티스푼, 아기소금 1꼬집

1 두부는 작게 깍둑썰기를 하고 달걀은 풀어주세요. 당근, 애호박, 양파는 잘게 다지고 전분가루와 물을 1:1 비율로 섞어 전분물을 만들어주세요.

2 멸치다시마육수를 약 3분간 끓여주세요.

3 멸치와 다시마를 건져내고 당근, 애호박, 양파를 넣어 약 3분간 끓여주세요.

4 두부를 넣고 아기간장과 아기소금을 넣어 간을 맞춘 후 약 1분간 끓여주세요.

5 달걀물을 붓고 약 1분간 그대로 끓여주세요. 달걀이 덩어리지면 저어주세요.

6 전분물을 넣어 농도를 맞추고 가스불을 끄고 참기름을 뿌려주세요. 밥과 함께 그릇에 담아주세요.

TIP

- 멸치다시마육수는 국물용 멸치 2마리, 다시마 1장을 물과 함께 끓여주세요. 멸치다시마육수 대신 다른 육수팩을 사용해도 좋아요.
- 감자전분가루를 사용했어요.
- 달걀물을 넣은 후 바로 저으면 국물이 탁해지니 주의해주세요(과정 5).
- 전분물은 한 번에 넣으면 뭉칠 수 있어요. 나눠서 넣고 빠르게 저어주세요.

감자치즈덮밥

아이들이 좋아하는 대표 식재료인 감자와 치즈로 덮밥을 만들어보세요.
감자를 푹 졸여 부드러운 치즈를 얹어내면 간단하면서도 맛있는 한 끼가 완성됩니다.

감자 40g
양파 30g
물 100ml
아기치즈 1장
밥 100g

아기간장 1티스푼
올리고당 1티스푼

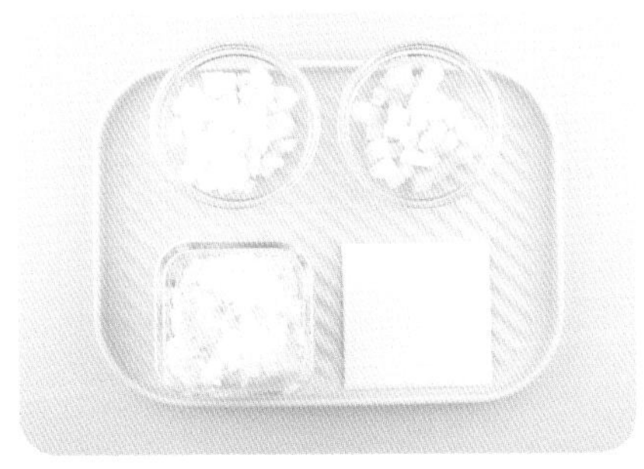

1 감자는 작게 깍둑썰기를 하고 약 15분간 물에 담가 전분기를 뺀 후 체에 밭쳐 물기를 제거하고, 양파는 잘게 썰어주세요.

2 기름을 둘러 감자와 양파를 약 2분간 볶아주세요.

3 물을 붓고 아기간장과 올리고당을 넣어 약 5분간 졸여주세요. 그릇에 밥과 졸인 재료, 아기치즈를 함께 담아주세요.

- 감자는 잘 익을 수 있도록 잘게 썰어주세요.
- 열기가 있는 상태에서는 치즈가 금방 녹아요.

마파가지덮밥

일반적으로 마파요리는 매운맛이 특징이지만 아이에게는 줄 수 없어서 된장을 이용해 만들었어요.
된장과 올리고당으로 졸여낸 가지와 돼지고기를 밥과 함께 비벼주세요.

가지 30g, 돼지고기 다짐육 30g, 양파 20g, 대파 3g, 전분물 2큰술가락, 통깨 조금, 밥 100g

양념 다시마 우린 물 150ml, 아기간장 0.5티스푼, 아기된장 0.5티스푼, 올리고당 1티스푼, 맛술 0.5티스푼

1 양파와 가지는 잘게 썰고, 대파는 송송 썰고, 돼지고기 다짐육은 키친타월로 핏물을 빼주세요. 물과 전분가루를 1:1 비율로 섞어 전분물을 만들어주세요.

2 기름을 둘러 대파를 약 1분간 볶아 파기름을 내주세요.

3 파 향이 올라오면 돼지고기 다짐육을 넣어 약 1분간 볶아주세요.

4 가지와 양파를 넣고 약 1분간 볶아주세요.

5 분량의 양념을 넣고 약 3분간 끓여주세요.

6 전분물을 넣어 농도를 맞춰주세요.

7 가스불을 끄고 통깨를 뿌려주세요. 밥과 함께 그릇에 담아주세요.

- 자른 다시마 1장을 넣고 약 10분간 우린 물을 사용했습니다.
- 감자전분가루를 사용했어요.
- 전분물은 1숟가락씩 넣어 원하는 농도를 맞춰주세요. 한 번에 많이 넣으면 뭉칠 수 있으니 소량씩 넣고 빠르게 저어주세요.

소보로덮밥

알록달록해서 눈이 즐거운 삼색 소보로덮밥입니다.
호기심으로 눈을 빛내며 활짝 웃던 시니의 모습이 생생해 제게는 추억이 서린 메뉴랍니다.

소고기 다짐육 40g
애호박 40g
달걀 0.5개
통깨 조금
참기름 조금
밥 100g

물 50ml
아기간장 1티스푼
올리고당 1티스푼
맛술 0.5티스푼

① 소고기 다짐육은 키친타월로 핏물을 빼고 애호박은 잘게 다지고 달걀은 풀어주세요.

② 기름을 둘러 달걀물을 붓고 휘휘 저어주며 스크램블을 만들어주세요.

③ 기름을 둘러 애호박을 약 1분 30초간 볶아 주세요.

④ 기름을 둘러 소고기를 넣고 약 1분간 볶다가 분량의 양념을 넣어 약 1분간 더 볶아주세요. 그릇에 밥을 담고 그 위에 소고기, 애호박, 달걀을 재료별로 나란히 올리고 참기름과 통깨를 뿌려주세요.

• 달걀, 애호박, 소고기는 따로 따로 볶아 주세요. 팬 하나로 요리할 경우 과정 2~3은 재료를 건져 낸 후 다음 재료를 넣어 볶아주고 양념이 들어가는 소고기를 마지막에 볶아주세요.

당면달걀덮밥

당면을 좋아하는 아이를 위해 만든 메뉴입니다.
간단하게 만들 수 있는 잡채밥 비슷한 덮밥인데 아이가 잘 먹어서 한동안 식탁에 자주 오른 메뉴였어요.

당면 20g(불리기 전), 당근 10g, 애호박 10g, 양파 10g, 달걀 1개, 참기름 조금, 통깨 조금, 밥 100g

물 100ml, 아기간장 1티스푼, 올리고당 1티스푼

1. 당면은 30분간 물에 불리고 당근, 애호박, 양파는 채썰고 달걀은 풀어주세요.
2. 당면을 약 5분간 삶은 후 체에 밭쳐 물기를 빼주세요.

3. 기름을 둘러 당근, 애호박, 양파를 약 1분간 볶아주세요.
4. 분량의 양념을 넣고 약 3분간 끓여주세요.
5. 달걀물을 부어 약 1분간 끓여주세요. 가스불을 끄고 참기름과 통깨를 뿌려주세요. 밥과 함께 그릇에 담아주세요.

닭고기감자조림덮밥

닭볶음탕이나 찜닭에 들어 있는 감자는 부드럽고 맛있어요.
국물과 함께 밥에 비벼 먹으면 꿀맛 보장이지요. 시니도 아기 때부터 좋아하는 메뉴입니다.

닭다릿살 30g
감자 30g
당근 10g
양파 10g
통깨 조금
밥 100g

물 150m
아기간장 1.5티스푼
올리고당 1티스푼
맛술 0.5티스푼

1 닭다릿살은 우유에 약 20분간 재웠다 씻은 후 먹기 좋게 썰어주세요. 감자, 당근, 양파는 작게 깍둑썰기를 해주세요.

2 기름을 둘러 닭다릿살을 약 1분간 볶아주세요.

3 감자, 당근, 양파를 넣고 약 1분간 볶아주세요.

4 분량의 양념을 넣고 약 3분간 끓여주세요.

5 가스불을 끄고 통깨를 뿌려주세요. 밥과 함께 그릇에 담아주세요.

- 닭다릿살은 닭안심이나 닭가슴살로 대체 가능해요.
- 감자, 당근, 양파의 크기가 크다면 물의 양을 늘려 더 오래 끓여주세요.

소고기두부조림덮밥

일반 두부조림에 소고기 다짐육을 추가해보세요. 부드러운 두부와 쫄깃한 소고기는 환상의 조합입니다.
밥을 쓱쓱 비벼주면 이만한 밥도둑이 없어요.

소고기 다짐육 30g
두부 60g
양파 10g
당근 10g
대파 5g
참기름 조금
통깨 조금
밥 100g

물 100ml
아기간장 1티스푼
올리고당 1티스푼
맛술 0.5티스푼

1. 소고기 다짐육은 키친타월로 핏물을 빼고 두부는 먹기 좋게 썰어 키친타월로 물기를 제거해주세요. 양파, 당근, 대파는 잘게 다져주세요.

2. 기름을 둘러 두부를 약 3분간 구워주세요.

3. 두부를 건져낸 후 소고기를 넣고 약 1분간 볶아주세요.

4. 양파, 당근, 대파를 넣고 약 1분간 볶아주세요.

5. 분량의 양념과 구워놓은 두부를 넣고 3~4분간 졸여주세요.

6. 가스불을 끄고 참기름과 통깨를 뿌린 후 밥과 함께 그릇에 담아주세요.

- 하나의 팬으로 조리했어요. 두부를 건져낸 후 키친타월로 한 번 닦아내고 기름이 없다면 기름을 더 둘러주세요.
- 국물이 자작하게 남아 있을 때까지 졸여주세요. 국물이 있어야 아이가 먹기에 더 부드러워요.

베이컨양배추덮밥

잘게 채 썬 양배추를 볶으면 생양배추와는 확연히 다른 맛이 나요.
베이컨의 짭조름한 맛이 달큼한 양배추와 잘 어울리는 메뉴입니다.

베이컨 30g
양배추 30g
양파 20g
달걀 1개
대파 3g
통깨 조금
밥 100g

물 80ml
아기간장 0.5티스푼
올리고당 1티스푼
맛술 0.5티스푼

1. 베이컨은 뜨거운 물에 살짝 담갔다가 기름기와 염분을 제거하고 물기를 뺀 후 먹기 좋게 썰어주세요. 양배추와 양파는 채썰고 대파는 송송 썰고 달걀은 풀어주세요.

2. 기름을 둘러 양배추와 양파를 약 1분간 볶아주세요.

3. 베이컨을 넣고 약 1분간 볶아주세요.

4. 분량의 양념을 넣고 약 2분간 끓여주세요.

5. 달걀물을 붓고 그 위에 대파를 올려 약 1분간 그대로 끓여주세요.

6. 가스불을 끄고 통깨를 뿌려주세요. 밥과 함께 그릇에 담아주세요.

- 베이컨에 염분이 있어 간을 조금만 했어요.
- 싱거우면 간장을 추가해주세요.

새우감자조림덮밥

쫄깃한 새우와 포슬포슬한 감자를 졸여 만든 덮밥입니다.
아이가 싫어하는 새우와 좋아하는 감자를 같이 졸였더니 새우까지 잘 먹었어요.

새우 40g(5마리)
감자 30g
양파 10g
대파 3g
참기름 조금
통깨 조금
밥 100g

물 120ml
아기간장 1티스푼
올리고당 1티스푼
맛술 0.5티스푼
참기름 조금
통깨 조금

1 냉동 새우는 해동하고 감자는 작게 깍둑썰기를 하고 양파는 잘게 다지고 대파는 송송 썰어주세요.

2 기름을 둘러 양파와 감자를 약 1분간 볶아주세요.

3 새우를 넣고 약 2분간 볶아주세요.

4 분량의 양념과 대파를 넣고 약 3분간 끓여주세요.

5 가스불을 끄고 참기름과 통깨를 뿌리고 밥과 함께 그릇에 담아주세요.

- 크기가 큰 새우는 먹기 전에 잘게 잘라주세요.
- 새우의 내장을 따로 제거하지는 않았지만 크기가 큰 새우는 내장을 제거하는 게 좋아요.

김두부조림덮밥

두부를 김으로 감싸 튀긴 후 소스에 졸인 김두부조림은 밥과 정말 잘 어울려요.
아이가 잘 먹었다는 후기가 많았던 레시피이고 실제로 시니도 정말 잘 먹었던 메뉴입니다.

두부 80g, 구운 김 조금, 양파 30g, 전분가루 조금, 참기름 조금, 통깨 조금, 밥 100g

물 100ml, 아기간장 1티스푼, 올리고당 1티스푼

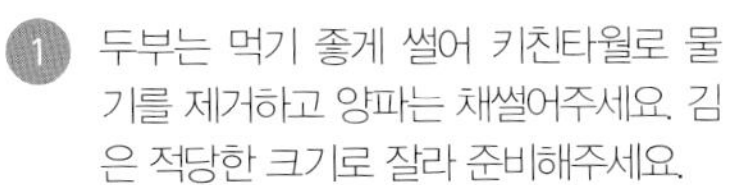

1. 두부는 먹기 좋게 썰어 키친타월로 물기를 제거하고 양파는 채썰어주세요. 김은 적당한 크기로 잘라 준비해주세요.
2. 두부를 김으로 감싼 후 전분가루를 입혀주세요.

3. 기름을 둘러 김두부를 약 2분간 구워주세요.
4. 기름을 둘러 양파를 약 1분간 볶다가 분량의 양념을 넣고 약 3분간 끓여주세요.

5. 구운 김두부를 넣고 소스가 1/3이 남을 때까지 소스를 부어가며 졸여주세요. 통깨를 뿌리고 밥과 함께 그릇에 담아주세요.

TIP

- 김밥용 구운 김, 아기김(조미/무조미) 등 종류에 상관없이 모두 가능해요.
- 전분 특성상 서로 들러붙을 수 있으므로 겉면이 익기 전에는 간격을 두고 구워주세요(과정 3).

일본식달걀덮밥

일본식 달걀덮밥인 텐신항입니다. 밥 위에 재료를 올린 후 소스를 부어 먹는 형식의 메뉴예요.
집에서 간단하게 만들 수 있으니 온 가족이 함께 일본식 덮밥을 즐겨보세요.

크래미 40g(2개), 달걀 1개, 대파 3g, 전분물 1큰숟가락, 밥 100g

물 100ml, 아기간장 1티스푼, 굴소스 0.5티스푼, 올리고당 1티스푼

1. 크래미는 잘게 찢고 대파는 송송 썰고 달걀은 풀어주세요. 물과 전분가루를 1:1 비율로 섞어 전분물을 만들어주세요.
2. 분량의 양념을 섞어 약 2분간 끓이다가 전분물을 넣어 농도를 맞춰주세요.

3. 기름을 둘러 달걀물과 크래미를 섞어주며 약 2분간 볶아주세요.
4. 대파를 넣고 약 1분간 볶아주세요.
5. 그릇에 밥을 담고 볶은 재료를 올린 후 소스를 곁들여 비벼주세요.

- 크래미는 대게살로 대체 가능해요.
- 감자전분가루를 사용했어요.
- 전분물은 1숟가락씩 넣어 원하는 농도를 맞춰주세요. 한 번에 많이 넣으면 뭉칠 수 있으니 소량씩 넣고 빠르게 저어주세요.
- 소스는 한 번에 붓지 말고 취향껏 조절해주세요.

어묵덮밥

어묵으로도 근사한 한 끼가 완성된답니다. 어묵을 졸여 달걀을 추가해 부드러운 덮밥을 만들었어요.
어묵을 좋아하는 시니의 최애 메뉴입니다.

어묵 40g(1장)
당근 10g
양파 10g
대파 3g
달걀 1개
통깨 조금
밥 100g

물 50ml
아기간장 1티스푼
올리고당 1티스푼

1 어묵은 뜨거운 물을 부어 불순물을 제거한 후 채썰어주세요. 당근, 양파, 대파도 잘게 채썰고 달걀은 풀어주세요.

2 기름을 둘러 당근, 양파, 대파를 약 1분간 볶아주세요.

3 어묵을 넣고 약 1분간 볶아주세요.

4 분량의 양념을 넣고 약 2분간 끓여주세요.

5 달걀물을 부어 약 1분간 끓여주세요. 밥과 함께 그릇에 담고 통깨를 뿌려주세요.

- 어묵은 최대한 얇게 채썰어주세요.
- 채썰기 대신 재료를 모두 잘게 다져서 조리해도 좋아요(과정 1).

데리야키치킨덮밥

시판용 데리야키 소스는 맛은 있지만 자극적이고 간이 강해서 아이에게 줄 수 없어요.
집에서도 간편하게 데리야키 소스를 만들 수 있어요. 치킨을 튀겨 엄마표 데리야키 소스에 버무려 만들어보세요.

닭다릿살 40g, 양파 30g, 대파 3g, 전분가루 2큰숟가락, 통깨 조금, 밥 100g

물 100ml, 아기간장 1티스푼, 올리고당 1티스푼, 다진 마늘 1g, 맛술 0.5티스푼

1 닭다릿살은 먹기 좋게 썰고 양파는 채썰고 대파는 송송 썰어주세요. 분량의 양념을 섞어 데리야키 소스를 만들어주세요.

2 닭다릿살에 전분가루를 입혀주세요.

3 기름을 둘러 예열한 후 닭다릿살을 뒤집어가며 약 3분간 튀겨주세요.

4 기름을 둘러 양파를 약 2분간 볶아주세요.

5 데리야키 소스를 붓고 소스가 끓어오르면 닭고기와 대파를 넣어 약 1분간 섞어가며 졸여주세요.

6 가스불을 끄고 통깨를 뿌리고 그릇에 밥과 함께 담아주세요.

TIP

- 전분 특성상 겉면이 익기 전에는 서로 들러붙을 수 있으므로 닭고기 사이에 간격을 두고 튀겨주세요(과정 3).
- 냉동 닭 또는 신선하지 않은 닭은 우유에 20분간 재운 후 조리해주세요.

두부까스덮밥

두부를 튀긴 후 달콤하게 졸여낸 양파와 함께 담아낸 일본식 덮밥입니다.
일반 돈까스와 달리 두부로 만든 까스는 식감이 부드러워서 아이들에게 인기 만점입니다.

두부 60g, 양파 30g, 대파 3g, 달걀 1개, 멸치다시마육수 200ml, 밥 100g

밀가루 조금, 달걀 조금, 빵가루 조금

아기간장 1.5티스푼, 올리고당 1티스푼, 맛술 0.5티스푼

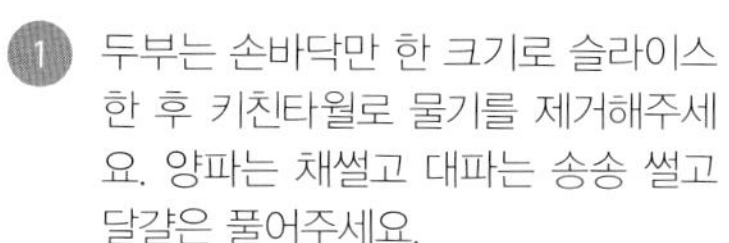

1. 두부는 손바닥만 한 크기로 슬라이스 한 후 키친타월로 물기를 제거해주세요. 양파는 채썰고 대파는 송송 썰고 달걀은 풀어주세요.

2. 두부를 밀가루, 달걀, 빵가루 순서로 튀김옷을 입혀주세요.

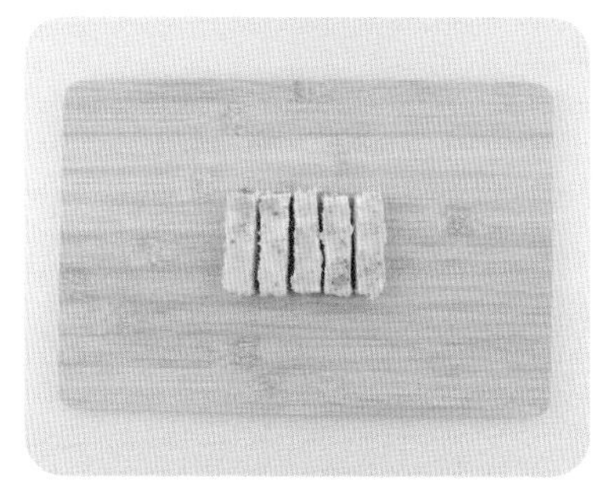

3. 기름을 넉넉하게 둘러 예열한 후 두부를 노릇노릇하게 튀긴 다음 한 김 식혀 먹기 좋게 잘라주세요.

4. 멸치다시마육수를 약 3분간 끓여주세요.

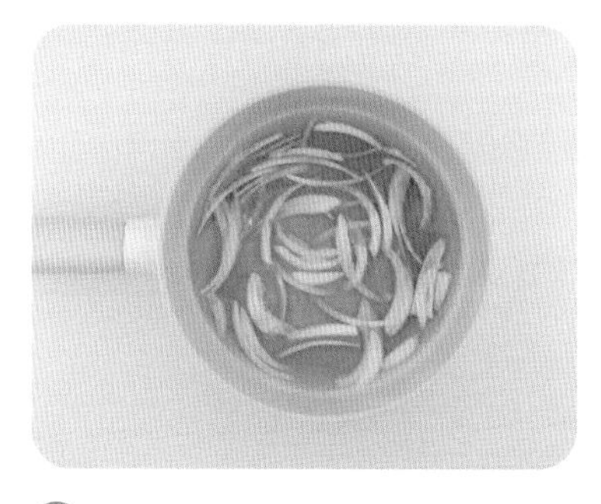

5. 멸치와 다시마를 건져낸 후 양파와 분량의 양념을 넣고 약 7분간 끓여주세요.

6. 졸여낸 양파 위에 두부까스를 올린 후 달걀물을 붓고 대파를 넣고 약 30초간 그대로 익혀주세요. 밥과 함께 그릇에 담아주세요.

- 멸치다시마육수는 국물용 멸치 2마리, 다시마 1장을 물과 함께 끓여주세요. 멸치다시마육수 대신 다른 육수팩을 사용해도 좋아요.
- 달걀은 소량만 필요합니다. 달걀은 1/5 정도만 튀김옷에 사용하고 나머지는 따로 분리해 과정 6에서 사용해주세요.

두부배추덮밥

아삭한 알배기배추를 익히면 부드럽고 달큼해져서 채소를 거부하는 아이도 먹게 할 수 있습니다.
두부와 알배기배추를 함께 졸여보세요.

두부 60g
알배기배추 30g
양파 20g
대파 5g
참기름 조금
통깨 조금
밥 100g

물 80ml
아기간장 1티스푼
올리고당 1티스푼

1. 두부는 먹기 좋게 썰어 키친타월로 물기를 제거하고 알배기배추는 먹기 좋게 썰어주세요. 양파는 채썰고 대파는 송송 썰어주세요.

2. 기름을 둘러 두부를 약 3분간 구워주세요.

3. 두부를 건져낸 후 알배기배추와 양파를 약 2분간 볶아주세요.

4. 분량의 양념과 구워놓은 두부를 넣고 약 3분간 끓여주세요.

5. 가스불을 끄고 참기름과 통깨를 뿌려주세요. 밥과 함께 그릇에 담아주세요.

새우마요덮밥

새우를 맛있는 마요네즈 소스에 버무려 만든 덮밥이에요.
새우에 마요네즈의 고소함이 더해져 새우를 싫어하는 아이도 맛있게 즐길 수 있어요.

새우 40g(5마리)
달걀 1개
대파 3g
밥 100g

마요네즈 2티스푼
아기간장 0.5티스푼
올리고당 1티스푼

1 냉동 새우는 해동하고 달걀은 풀고 대파는 송송 썰어주세요. 분량의 양념을 섞어 소스를 만들어주세요.

2 기름을 둘러 달걀물과 대파를 넣어 휘휘 저으며 스크램블을 만들어주세요.

3 기름을 둘러 새우를 약 2분간 구워주세요.

4 가스불을 끄고 잔열 상태에서 소스를 넣어 버무려주세요. 그릇에 밥, 달걀스크램블과 새우마요를 담아주세요.

TIP

- 아이가 마요네즈를 처음 접한다면 용량을 줄여주세요.
- 달걀스크램블을 건져내고 키친타월로 정리한 후 조리해주세요(과정 2~3).

크래미콩나물덮밥

콩나물의 아삭함이 크래미와 잘 어우러져
밥과 함께 먹으면 한 그릇 뚝딱 하는 메뉴입니다.

크래미 40g
콩나물 30g
대파 3g
참기름 조금
통깨 조금
밥 100g

물 80ml
아기간장 1티스푼
올리고당 1티스푼

1. 크래미는 결대로 찢고 대파는 송송 썰어주세요.

2. 기름을 둘러 크래미와 콩나물을 약 1분간 볶아주세요.

3. 분량의 양념을 넣고 약 4분간 끓여주세요.

4. 대파를 넣고 약 1분간 끓여주세요.

5. 가스불을 끄고 참기름과 통깨를 뿌려주세요. 밥과 함께 그릇에 담아주세요.

- 콩나물의 아삭함을 싫어한다면 1~2분가량 더 끓여주세요.

당근카레덮밥

당근이 많이 들어갔는데도 당근 맛이 안 나는 마법 같은 메뉴예요.
우유가 들어가 고소하여 밥과 함께 비벼주면 당근을 싫어하는 아이도 반하게 될 거예요.

당근 30g, 양파 30g, 우유 100ml, 카레가루 2티스푼, 밥 100g

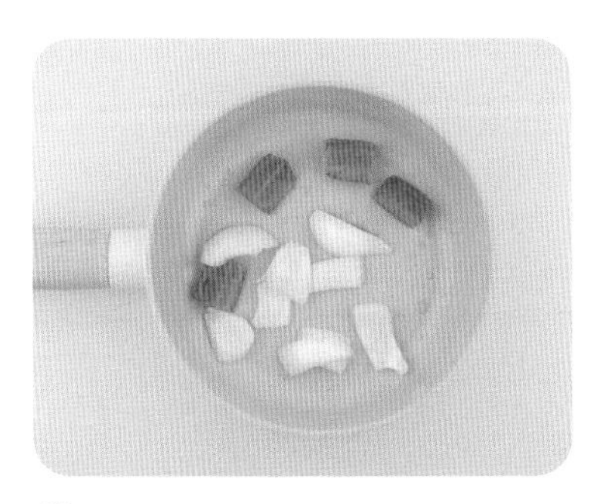

1. 당근과 양파는 큼직하게 썰어주세요.
2. 기름을 둘러 당근과 양파를 약 2분간 볶아주세요.

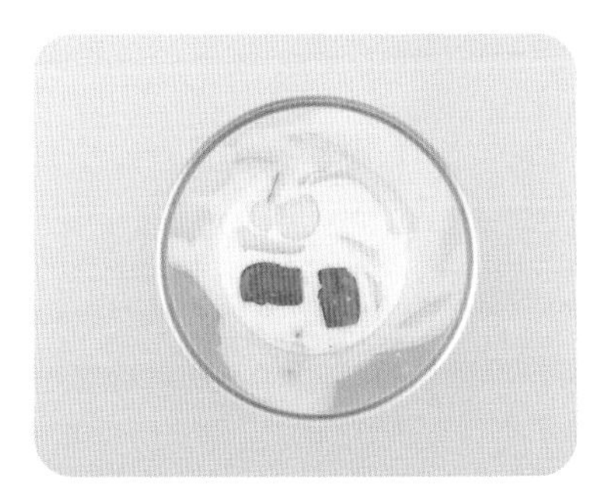

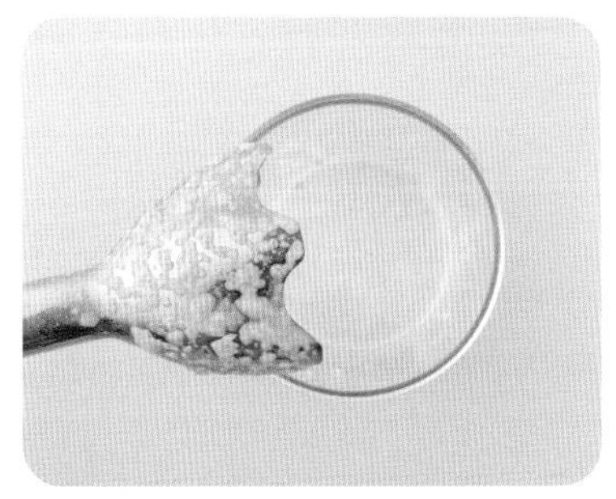

3. 우유를 섞어 핸드블렌더나 믹서기로 당근과 양파를 갈아주세요.
4. 갈아놓은 재료를 약 2분간 끓여주세요.

5. 카레가루를 넣고 저어주며 약 3분간 끓여주세요.

TIP

- 당근과 양파를 겉면만 익히는 정도로 볶아주세요(과정 2).
- 카레가루가 뭉치지 않도록 빠르게 저어주세요.

소고기무조림덮밥

소고기뭇국보다 진한 맛을 느낄 수 있는 메뉴입니다.
무를 푹 졸여내 달큼한 맛이 일품인 영양 만점 한 그릇 요리입니다.

소고기 다짐육 40g
무 30g
대파 2g
밥 100g
통깨 조금

물 120ml
다진 마늘 1g
아기간장 1.5티스푼
설탕 1티스푼
맛술 0.5티스푼

1. 소고기 다짐육은 키친타월로 핏물을 빼고 무는 작게 깍둑썰기를 해주세요. 대파는 송송 썰고 마늘은 다져주세요.

2. 기름을 둘러 약 1분간 소고기 다짐육을 볶다가 무를 넣고 약 2분간 볶아주세요.

3. 분량의 양념을 넣고 약 5분간 끓여주세요.

4. 대파를 넣고 약 5분간 졸여주세요. 가스불을 끄고 통깨를 뿌리고 밥과 함께 그릇에 담아주세요.

• 무가 덜 익었으면 물을 추가해서 더 끓여주세요.

일본식돼지고기덮밥

삼겹살을 쯔유 대신 간장에 졸여 만든 부타동입니다. 달콤하고 짭조름한 삼겹살에 달걀물을 부어 더욱 맛있어요.
아이뿐 아니라 온 가족이 같이 즐길 수 있는 메뉴입니다.

삼겹살 40g
양파 30g
달걀 1개
대파 2g
밥 100g

물 100ml
아기간장 1티스푼
올리고당 1티스푼
다진 마늘 1g
맛술 0.5티스푼

1. 삼겹살은 먹기 좋게 썰고 양파와 마늘은 잘게 다져주세요. 달걀은 풀어주고 대파는 송송 썰어주세요.

2. 기름을 둘러 삼겹살을 약 1분간 볶아주세요.

3. 양파를 넣고 약 1분간 볶아주세요.

4. 분량의 양념을 넣고 약 4분간 졸여주세요.

5. 달걀물을 붓고 대파를 넣어 30초~1분간 그대로 익혀주세요. 가스불을 끄고 통깨를 뿌리고 밥과 함께 그릇에 담아주세요.

- 삼겹살의 두꺼운 비계는 최대한 제거해주세요.

소불고기당면덮밥

소불고기는 아이들이 좋아하는 반찬입니다. 자주 먹는 소불고기에 색다르게 당면을 추가해봤어요.
당면만 추가해도 또 다른 메뉴가 된답니다.

불고기용 소고기 40g
당면(불리기 전) 10g
당근 10g
양파 10g
대파 3g
밥 100g

물 100ml
아기간장 1.5티스푼
올리고당 1티스푼
맛술 0.5티스푼
다진 마늘 1g
참기름 조금

1 불고기용 소고기는 키친타월로 핏물을 빼 먹기 좋게 썰고 당면은 물에 30분간 불리고 당근과 양파는 채썰고 대파는 송송 썰고 마늘은 다져주세요.

2 볼에 소고기와 당근, 양파, 대파를 담고 분량의 양념을 넣어 약 20분간 재워주세요.

3 당면을 끓는 물에 약 5분간 삶은 후 체에 밭쳐 물기를 빼주세요.

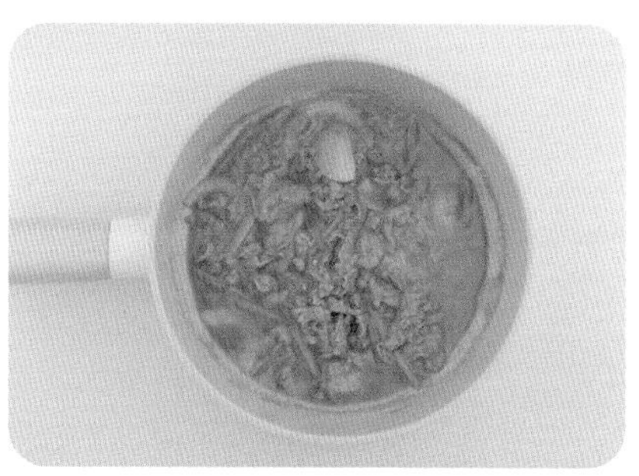

4 팬에 재워둔 불고기를 양념과 함께 붓고 약 3분간 끓여주세요.

5 삶아 놓은 당면을 넣고 약 1분간 끓여주세요. 가스불을 끄고 통깨를 뿌려주세요. 밥과 함께 그릇에 담아주세요.

• 시간이 부족하다면 과정 2를 생략하고 양념을 섞어 바로 조리해주세요.

토마토달걀덮밥

한때 인터넷에서 유행했던 토마토달걀볶음으로 덮밥을 만들었어요.
시판용 토마토소스는 아이에게 너무 자극적일 것 같아 토마토를 볶아 만들었는데 정말 맛있고 아이도 잘 먹었어요.

방울토마토 40g(3개), 달걀 1개, 양파 20g, 대파 5g, 밥 100g

굴소스 0.5티스푼, 설탕 0.5티스푼

1. 방울토마토는 먹기 좋게 썰고 양파는 잘게 다지고 대파는 송송 썰고 달걀은 풀어주세요.
2. 기름을 둘러 대파와 양파를 약 1분 30초간 볶아주세요.
3. 토마토를 넣고 약 1분간 볶아주세요.

4. 볶은 재료를 팬의 한쪽에 밀어두고 달걀물을 부어 스크램블을 만든 후 재료를 모두 섞어주세요.
5. 굴소스와 설탕을 넣어 볶아주세요. 가스불을 끄고 참기름을 넣고 밥과 함께 그릇에 담아주세요.

- 방울토마토의 내용물이 흐르지 않게끔 4등분해주세요.
- 굴소스는 아기간장으로 대체 가능해요(굴소스 0.5티스푼→아기간장 1티스푼).

찹스테이크덮밥

파프리카도 맛있게 먹게 되는 마법 같은 메뉴입니다.
집에서 간단히 엄마표 찹스테이크를 만들 수 있어요. 굴소스나 케첩을 생략해도 맛있어요.

스테이크용 소고기 40g
파프리카 20g(빨강, 노랑)
양파 10g

물 20ml
아기간장 1티스푼
굴소스 0.5티스푼
케첩 0.5티스푼
맛술 0.5티스푼
올리고당 1티스푼
다진 마늘 2g

1. 소고기는 키친타월로 핏물을 제거하고 먹기 좋게 썰어주세요. 파프리카와 양파는 작게 깍둑썰기를 하고 분량의 양념을 섞어 소스를 만들어주세요.

2. 기름을 둘러 소고기를 약 1분 30초간 볶아주세요.

3. 파프리카와 양파를 넣고 약 2분간 볶아주세요.

4. 소스를 넣고 약 1분간 볶아주세요. 밥과 함께 그릇에 담아주세요.

- 스테이크용 소고기는 부채살, 살치살, 채끝, 안심, 등심, 치마살 등이 좋아요.
- 개월수가 적은 아이들은 굴소스, 케첩, 다진 마늘을 생략해도 좋아요.
- 식용유 대신 무염버터를 사용하면 더 맛있어요.

달걀두부밥

재료를 밥 위에 올려 전자레인지로 돌리면 완성되는 초간단 메뉴입니다.
레시피가 간단하고 목 넘김이 부드러워 자주 만들게 되는 메뉴 중 하나예요. 특히 바쁜 아침에 추천해요.

 두부 100g, 달걀 1개, 대파 2g, 실김(고명) 조금, 밥 100g

 물 10ml, 아기간장 1티스푼, 설탕 0.5티스푼, 참기름 0.5티스푼

1. 두부는 키친타월로 물기를 제거하고 얇게 슬라이스해주세요. 대파는 송송 썰고 김은 잘게 자르고 달걀은 풀어주세요. 분량의 양념을 섞어 소스를 만들어주세요.

2. 그릇에 밥을 담고 그 위에 두부를 올려주세요.

3. 두부 위에 달걀물을 붓고 소스를 부어주세요.

4. 대파를 올리고 전자레인지에 넣어 약 2분간 돌려주세요.

5. 고명을 올려주세요.

- 전자레인지 제조사마다 사양이 다르니 시간은 참고만 해주세요.

삼치강정덮밥

삼치는 성장기 발달에 좋은 식재료입니다.
생선의 비릿한 맛을 싫어하는 아이도 잘 먹을 수 있도록 바삭하게 튀긴 후 달콤하고 짭짤한 소스를 버무렸어요.

삼치 50g
전분가루 2큰술가락
대파 3g
밥 100g

물 70ml
아기간장 1티스푼
올리고당 1티스푼
맛술 0.5티스푼
다진 마늘 1g

1 삼치는 먹기 좋게 깍뚝썰기를 하고 대파는 송송 썰어주세요. 분량의 양념을 섞어 소스를 만들어주세요.

2 삼치에 전분가루를 입혀주세요.

3 기름을 둘러 예열한 후 삼치를 약 3분간 노릇하게 튀겨주세요.

4 소스와 대파를 넣어 섞어가며 볶아주세요. 밥과 함께 그릇에 담고 통깨를 뿌려주세요.

TIP

- 손질된 아기용 생선을 사용했어요.
- 감자전분가루를 사용했어요.
- 전분가루를 입히면 서로 들러붙을 수 있으므로 겉면이 익기 전에는 간격을 두고 튀겨주세요(과정 3).

차돌박이숙주덮밥

차돌박이와 숙주를 함께 볶아 영양 만점 한 그릇 요리를 만들어보세요.
차돌박이의 쫄깃하고 고소한 맛이 아이의 입맛을 사로잡기에 충분해요. 간을 더하면 엄마와 아빠의 식사로도 좋아요.

차돌박이 40g
숙주 30g
양파 10g
대파 3g
통깨 조금
밥 100g

물 50ml
다진 마늘 1g
아기간장 1티스푼
설탕 0.5티스푼
맛술 0.5티스푼

1. 차돌박이는 키친타월로 핏물을 빼고 먹기 좋게 썰고 양파는 채썰어주세요. 마늘은 다지고 대파는 송송 썰어주세요.

2. 기름을 둘러 약 1분간 대파를 볶아 파기름을 내주세요.

3. 차돌박이와 양파를 넣고 약 2분간 볶아주세요.

4. 숙주와 분량의 양념을 넣고 숙주의 숨이 죽을 때까지 약 2분간 볶아주세요.

5. 가스불을 끄고 통깨를 뿌려주세요. 밥과 함께 그릇에 담아주세요.

- 아이가 어리다면 차돌박이의 비계 부분을 최대한 제거해주세요.

새우청경채덮밥

새우와 청경채로 만든 중화풍 덮밥입니다. 새우의 탱글탱글한 식감과 부드러운 소스가 어우러져 아이의 입맛을 사로잡기에 충분해요. 개월수가 적은 아이들은 다진 마늘과 굴소스를 생략해도 좋아요.

새우 40g, 청경채 40g, 전분물 2큰숟가락, 다진 마늘 2g, 참기름 조금, 통깨 조금, 밥 100g

물 100ml, 아기간장 1티스푼, 굴소스 0.5티스푼, 올리고당 1티스푼, 맛술 0.5티스푼

1. 냉동 새우는 해동하고 청경채는 먹기 좋게 썰고 마늘은 다져주세요. 물과 전분가루를 1:1 비율로 섞어 전분물을 만들어주세요.

2. 기름을 둘러 다진 마늘을 약 30초간 볶다가 새우를 넣고 약 1분간 볶아주세요.

3. 청경채를 넣고 약 30초간 볶아주세요.

4. 분량의 양념을 붓고 약 3분간 끓여주세요.

5. 전분물을 넣어 농도를 맞춰주세요.

6. 가스불을 끄고 참기름과 통깨를 뿌려주세요. 그릇에 밥과 함께 담아주세요.

- 새우는 껍질이 없는 냉동 새우살을 사용했어요. 크기가 크다면 잘게 잘라주세요.
- 감자전분가루를 사용했어요.
- 전분물은 1숟가락씩 넣어 원하는 농도를 맞춰주세요. 한 번에 많이 넣으면 뭉칠 수 있으니 소량씩 넣고 빠르게 저어주세요.

한꺼번에 뚝딱 볶아 완성하는

볶음밥&밥전

소고기가지볶음밥

잘게 다진 소고기와 가지를 밥과 함께 볶아보세요.
가지를 싫어하는 아이도 잘 먹는답니다.

소고기 다짐육 30g
가지 30g
양파 20g
대파 5g
참기름 조금
통깨 조금
밥 100g

물 20ml
아기간장 1티스푼
올리고당 1티스푼
맛술 0.5티스푼

1 소고기 다짐육은 키친타월로 핏물을 빼고 가지, 양파, 대파는 잘게 다져주세요.

2 기름을 둘러 소고기 다짐육을 약 1분간 볶아주세요.

3 가지와 양파를 넣고 약 1분간 볶아주세요.

4 분량의 양념과 대파를 넣고 약 1분간 볶아주세요.

5 밥을 넣어 잘 섞어가며 볶아주세요.

6 가스불을 끄고 참기름과 통깨를 뿌려주세요.

- 소고기 다짐육은 앞다릿살을 사용했어요.

소고기애호박치즈볶음밥

볶음밥에 치즈를 올리면 아이들이 잘 먹을 수밖에 없어요.
소고기애호박볶음에 밥과 치즈를 추가해보세요. 간단하지만 맛있는 한 끼가 됩니다.

소고기 다짐육 40g
애호박 30g
아기치즈 1장
밥 100g

아기간장 1티스푼
설탕 0.5티스푼

1 소고기 다짐육은 키친타월로 핏물을 빼고 애호박은 잘게 다져주세요.

2 기름을 둘러 소고기를 약 1분간 볶다가 애호박을 넣고 약 1분간 더 볶아주세요.

3 밥, 아기간장, 설탕을 넣어 잘 섞어가며 볶아주세요.

4 가스불을 끄고 아기치즈를 올려 녹여주세요.

- 아기치즈는 잔열 상태에서 녹여주세요. 금방 녹아요.

크래미달걀볶음밥

크래미와 달걀로 간단하게 중국식 볶음밥을 만들 수 있어요.
짜장소스를 곁들여도 좋아요.

크래미 40g(2개), 달걀 1개, 당근 10g, 대파 5g, 참기름 조금, 통깨 조금, 밥 100g

굴소스 0.3티스푼, 아기간장 0.5티스푼

1 대파와 당근은 잘게 다지고 크래미는 결대로 찢고 달걀은 풀어주세요.

2 기름을 둘러 당근과 대파를 약 1분간 볶아주세요.

3 팬의 한쪽에 당근과 대파를 밀어두고 달걀물을 부어 스크램블을 만든 후 섞어주세요.

4 크래미를 넣고 약 1분간 볶아주세요.

5 밥, 굴소스, 아기간장을 넣어 잘 섞어 가며 볶아주세요.

6 가스불을 끄고 참기름과 통깨를 뿌려 주세요.

TIP

- 굴소스는 생략해도 좋아요.
- 크래미는 대게살로 대체 가능해요.

크래미애호박볶음밥

크래미애호박볶음은 시니 식단에 자주 등장하는 밑반찬입니다. 간단하게 이 밑반찬으로 볶음밥을 만들어봤어요.
따로 간을 하지 않아도 정말 맛있어요.

크래미 40g(2개)
애호박 30g
구운 김 1g(0.5장)
밥 100g

1 크래미와 애호박은 잘게 다지고 구운 김은 잘게 부수어주세요.

2 기름을 둘러 애호박을 약 1분간 볶아주세요.

3 크래미를 넣고 약 1분간 볶아주세요.

4 밥을 넣어 잘 섞어가며 볶아주세요.

5 김가루를 넣어 볶아주세요.

6 가스불을 끄고 참기름과 통깨를 뿌려주세요.

- 크래미는 대게살로 대체 가능해요.

어묵볶음밥

어묵은 아이 밥반찬의 단골 재료입니다.
시니도 어묵을 참 잘 먹어서 볶음밥 재료로 활용해봤어요. 완밥 후기가 많았던 메뉴입니다.

어묵 40g(1장)
당근 10g
양파 10g
대파 3g
참기름 조금
통깨 조금
밥 100g

아기간장 1티스푼
설탕 0.5티스푼

1. 어묵은 뜨거운 물을 부어 불순물을 제거한 후 먹기 좋게 썰고 당근, 양파, 대파는 잘게 다져주세요.

2. 기름을 둘러 당근, 양파, 대파를 약 1분간 볶아주세요.

3. 어묵을 넣고 약 1분간 볶아주세요.

4. 밥과 분량의 양념을 넣어 잘 섞어가며 볶아주세요.

5. 가스불을 끄고 참기름과 통깨를 뿌려주세요.

- 첨가물이 없는 어묵을 사용했어요.

베이컨감자볶음밥

어렸을 때 엄마가 소풍날 만들어주시던 볶음밥을 떠올리며 만들어본 메뉴입니다.
베이컨이 들어가 따로 간을 하지 않아도 맛있어요.

베이컨 30g(2줄)
감자 30g
양파 10g
당근 10g
애호박 10g
아기간장 0.5티스푼
참기름 조금
통깨 조금
밥 100g

1 베이컨은 뜨거운 물에 살짝 담갔다가 기름기와 염분을 제거하고 물기를 뺀 후 잘게 썰어주세요. 감자는 작게 깍둑썰기를 하고 양파, 당근, 애호박은 잘게 다져주세요.

2 기름을 둘러 감자를 약 1분간 볶아주세요.

3 베이컨을 넣고 약 1분간 볶아주세요.

4 양파, 당근, 애호박을 넣고 약 1분간 볶아주세요

5 밥과 아기간장을 넣어 잘 섞어가며 볶아주세요.

6 가스불을 끄고 참기름과 통깨를 뿌려주세요.

- 베이컨에 염분이 남아 있어 간장을 넣지 않아도 맛있어요. 베이컨의 간을 보고 간장 양을 조절해주세요.

두부달걀볶음밥

두부를 고슬고슬하게 볶으면 또 다른 느낌의 식재료가 된답니다.
밥 양을 줄이고 두부 양을 늘려 만들면 어른용 다이어트식으로도 손색이 없어요.

두부 60g
달걀 1개
대파 5g
아기간장 1티스푼
참기름 조금
통깨 조금
밥 100g

1. 두부는 키친타월로 물기를 제거한 후 으깨주세요. 달걀은 풀고 대파는 잘게 다져주세요.

2. 기름을 두르지 않은 팬에 으깬 두부를 넣고 약 1분간 볶아주세요.

3. 두부를 팬 한쪽에 밀어두고 기름을 둘러 대파를 넣고 약 30초간 볶아 파기름을 내주세요.

4. 달걀을 부어 두부, 대파와 섞어가며 약 1분간 볶아주세요.

5. 밥과 아기간장을 넣어 잘 섞어가며 볶아주세요.

6. 가스불을 끄고 참기름과 통깨를 뿌려주세요.

- 두부에 남은 수분을 날려주며 볶아주세요(과정 2).

소고기팽이버섯볶음밥

팽이버섯은 소불고기에 빠질 수 없는 재료이지요.
소고기볶음밥에 팽이버섯을 넣어보세요. 식감이 쫄깃하니 정말 맛있어요.

소고기 다짐육 40g
팽이버섯 30g
양파 10g
대파 2g
참기름 조금
통깨 조금
밥 100g

아기간장 1티스푼
설탕 0.5티스푼

1 소고기 다짐육은 키친타월로 핏물을 빼고 양파는 잘게 다져주세요. 팽이버섯은 밑동을 제거한 후 먹기 좋게 썰고 대파는 송송 썰어주세요.

2 기름을 둘러 소고기 다짐육을 약 1분간 볶아주세요.

3 팽이버섯과 대파를 넣고 약 1분간 볶아주세요.

4 밥과 분량의 양념을 넣어 잘 섞어가며 볶아주세요.

5 가스불을 끄고 참기름과 통깨를 뿌려주세요.

• 소고기 다짐육은 앞다릿살을 사용했어요. 구이용 소고기를 잘게 다져서 만들어도 좋아요.

새우볶음밥

고슬고슬한 밥과 탱글탱글한 새우가 씹히는 맛이 일품인 새우볶음밥입니다.
굴소스를 추가해도 좋아요.

새우 40g
당근 10g
애호박 10g
양파 10g
아기간장 1티스푼
참기름 조금
통깨 조금
밥 100g

1 냉동 새우는 해동하고 당근, 애호박, 양파는 잘게 다져주세요.

2 기름을 둘러 당근, 애호박, 양파를 약 2분간 볶아주세요.

3 새우를 넣고 약 1분간 볶아주세요.

4 밥과 아기간장을 넣어 잘 섞어가며 볶아주세요.

5 가스불을 끄고 참기름과 통깨를 뿌려주세요.

• 새우는 껍질이 없는 냉동 새우살을 사용했어요. 크기가 크다면 잘게 잘라주세요.

소고기콩나물볶음밥

일반적으로 콩나물은 볶음밥 재료로 많이 사용하지 않지만
볶아보니 맛있고 잘 어울렸어요. 영양 만점 한 그릇 요리입니다.

소고기 다짐육 40g
콩나물 30g
대파 3g
굴소스 0.5티스푼
참기름 조금
통깨 조금
밥 100g

1 소고기 다짐육은 키친타월로 핏물을 빼고 콩나물과 대파는 잘게 다져주세요.

2 기름을 둘러 소고기 다짐육을 약 1분간 볶아주세요.

3 콩나물과 대파를 넣고 약 1분간 볶아주세요.

4 밥과 굴소스를 넣어 잘 섞어가며 볶아주세요.

5 가스불을 끄고 참기름과 통깨를 뿌려주세요.

TIP

- 굴소스는 아기간장으로 대체 가능해요(굴소스 0.5티스푼→아기간장 1티스푼).

백김치볶음밥

김치볶음밥을 만들다가 문득 아이들에게도 만들어주고 싶어 백김치로 만들어보았어요.
김치를 싫어하는 아이나 처음 접하는 아이에게 추천해요.

백김치 40g
대파 5g
당근 10g
양파 10g
아기간장 0.5티스푼
참기름 조금
통깨 조금
밥 100g

1 대파, 당근, 양파는 잘게 다지고 백김치를 잘게 썰어주세요.

2 기름을 둘러 약 40초간 파를 볶아 파기름을 만들어주세요.

3 파 향이 올라오면 당근과 양파를 넣고 약 1분간 볶아주세요.

4 백김치를 넣고 약 1분간 볶아주세요.

5 밥과 아기간장을 넣어 잘 섞어가며 볶아주세요.

6 가스불을 끄고 참기름과 통깨를 뿌려주세요.

- 백김치가 없다면 빨간 김치의 양념을 씻어낸 후 만들어주세요.
- 신김치를 사용했다면 설탕을 추가하여 신맛을 잡아주세요.

크래미숙주볶음밥

밥반찬용 재료로 자주 쓰이는 크래미와 숙주를 밥과 함께 볶아보세요.
식감에 예민한 아이라면 숙주를 아주 잘게 다져 만들어주세요.

크래미 40g(2개)
숙주 40g
대파 3g
아기간장 0.5티스푼
참기름 조금
통깨 조금
밥 100g

1 크래미, 숙주는 먹기 좋게 썰고 대파는 다져주세요.

2 기름을 둘러 크래미와 숙주를 약 2분간 볶아주세요.

3 대파를 넣어 약 1분간 볶아주세요.

4 밥과 아기간장을 넣어 잘 섞어가며 볶아주세요.

5 가스불을 끄고 참기름과 통깨를 뿌려주세요.

TIP

- 숙주의 아삭한 식감을 싫어한다면 더 오래 볶아주세요.

명란두부볶음밥

명란젓을 달달 볶아 만들면 감칠맛이 더해져 간단하면서도 색다른 맛의 볶음밥을 즐길 수 있어요.
저염 명란젓을 사용하여 따로 간을 하지 않아도 맛있어요.

저염 명란젓 20g
두부 30g
당근 10g
애호박 10g
양파 10g
참기름 조금
통깨 조금
밥 100g

1. 명란젓은 반 갈라 알을 긁어 껍질과 분리하고 당근, 애호박, 양파는 잘게 다져주세요. 두부는 면보나 키친타월로 물기를 제거하고 으깨주세요.

2. 기름을 둘러 당근, 애호박, 양파를 약 1분간 볶아주세요.

3. 두부를 넣어 수분을 날리며 약 1분간 볶아주세요.

4. 밥과 명란젓을 넣고 약 2분간 볶아주세요.

5. 가스불을 끄고 참기름과 통깨를 넣어 마무리해주세요.

TIP

- 명란젓을 처음 접하는 아이라면 양을 줄여주세요.

베이컨시금치볶음밥

아이에게 시금치를 맛있게 먹일 수 있는 메뉴입니다. 시금치를 잘게 다져 충분히 볶아내면 아이들이 거부감 없이 잘 먹는답니다.
베이컨이 더해져 고소하고 더 맛있습니다.

시금치 30g
베이컨 40g(2줄)
양파 10g
아기간장 1티스푼
참기름 조금
통깨 조금
밥 100g

1 베이컨은 뜨거운 물에 살짝 담갔다가 기름기와 염분을 제거하고 물기를 뺀 후 잘게 다져주세요. 시금치와 양파는 잘게 다져주세요.

2 기름을 둘러 베이컨을 약 1분간 볶아주세요.

3 시금치를 넣고 약 2분간 볶아주세요.

4 밥과 아기간장을 넣어 잘 섞어가며 볶아주세요.

5 가스불을 끄고 참기름과 통깨를 뿌려주세요.

- 조리 전에는 시금치가 많아 보이지만 볶은 후에는 부피가 줄어들어요.

목살필라프

필라프는 우리나라의 볶음밥과 유사한 형태의 음식입니다.
목살과 채소를 굴소스에 볶아 간단하게 만들어보세요.

돼지고기 목살 40g
당근 10g
애호박 10g
양파 10g
마요네즈 조금
통깨 조금
밥 100g

아기간장 0.5티스푼
굴소스 0.5티스푼

1. 돼지고기 목살은 먹기 좋게 썰고 당근, 애호박, 양파는 잘게 다져주세요.

2. 기름을 둘러 돼지고기 목살을 약 1분간 볶아주세요.

3. 당근, 애호박, 양파를 넣고 약 2분간 볶아주세요.

4. 밥과 분량의 양념을 넣어 잘 섞어가며 볶아주세요.

5. 가스불을 끄고 통깨를 뿌려주세요. 그릇에 밥을 담고 마요네즈를 뿌려주세요.

- 큰 비계는 제거해주세요. 목살 대신 다른 부위의 돼지고기 다짐육을 사용해도 좋아요.
- 마요네즈는 생략 가능해요.

두부밥전

단백질이 풍부한 두부로 밥전을 만들어보세요. 두부를 싫어하는 아이도 잘 먹는 메뉴입니다.
두부와 달걀의 조합으로 고소하고 맛있는 밥전이 완성됩니다.

두부 40g
당근 10g
애호박 10g
양파 10g
달걀 1개
아기간장 1티스푼
밥 100g

1 두부는 면보로 물기를 제거한 후 으깨고 당근, 애호박, 양파는 잘게 다지고 달걀은 풀어주세요.

2 그릇에 두부, 당근, 애호박, 양파, 밥, 달걀, 아기간장을 넣고 섞어주세요.

3 기름을 둘러 동그랗게 밥전을 부쳐주세요.

• 면보가 없으면 키친타월을 여러 겹 겹쳐 두부를 꾹 눌러 물기를 제거해주세요.

불고기밥전

밥전 메뉴 중 인기 많았던 레시피입니다.
불고기를 반찬으로만 줄 수 있다는 생각을 버리고 밥전 재료로 사용해보세요. 완밥했다는 후기가 많았어요.

불고기용 소고기 40g
당근 10g
양파 10g
대파 5g
달걀 1개
밥 100g

물 10ml
아기간장 1티스푼
올리고당 1티스푼
맛술 0.5티스푼
다진 마늘 1g
참기름 조금

1 불고기용 소고기는 키친타월로 핏물을 빼고 잘게 썰어주세요. 당근, 양파, 대파, 마늘은 잘게 다지고 달걀은 풀어주세요.

2 볼에 소고기와 당근, 양파, 대파를 담고 분량의 양념을 넣어 약 20분간 재워주세요.

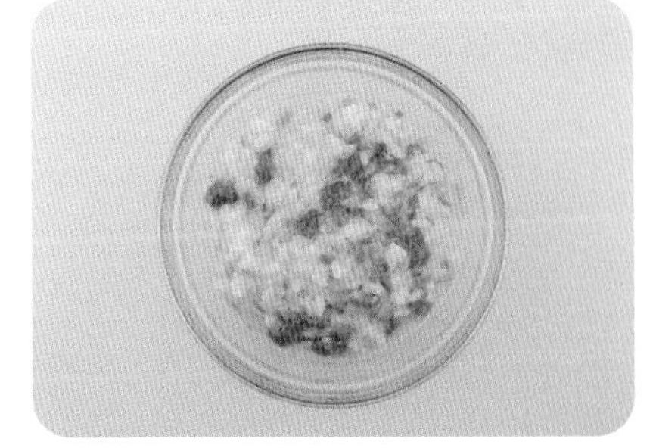

3 양념에 재운 불고기와 달걀, 밥을 잘 섞어주세요.

4 기름을 둘러 동그랗게 전을 부쳐주세요. 뒤집어가며 노릇노릇하게 구워주세요.

• 시간이 부족하다면 과정 2를 생략하고 양념을 섞어 바로 조리해주세요.

새우밥전

새우의 탱글탱글한 식감이 살아있는 새우밥전입니다.
새우에 민감한 아이라면 아주 잘게 다지거나 새우의 양을 줄여 만들어주세요.

새우 40g
당근 10g
대파 5g
양파 10g
달걀 1개
밥 100g

1 새우, 당근, 대파, 양파는 잘게 다지고 달걀은 풀어주세요.

2 볼에 새우와 당근, 대파, 양파, 밥을 담고 달걀을 부어 잘 섞어주세요.

3 기름을 둘러 동그랗게 전을 부쳐주세요. 뒤집어가며 노릇노릇하게 구워주세요.

TIP

- 냉동 새우는 해동 후에 물기를 뺀 다음 잘게 다져주세요.
- 대파는 애호박으로 대체 가능해요.
- 새우 자체에 간이 되어 있어 따로 간을 추가하지 않았어요. 간이 부족하다면 소금을 추가해주세요.

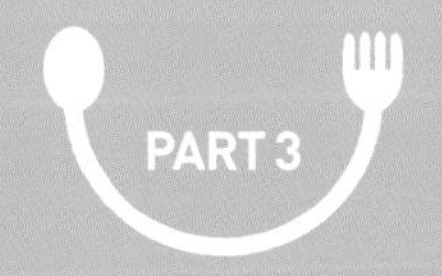

조금 색다른 밥이 먹고 싶을 때

주먹밥&비빔밥&리소토

크래미감자주먹밥

샐러드로 잘 어울리는 크래미와 감자를 뭉쳐 주먹밥을 만들었어요.
간단한 아침 식사나 도시락 메뉴로 추천합니다.

크래미 40g(2개), 감자 30g, 구운 김 2g(김밥용 김 1장), 참기름 조금, 밥 100g

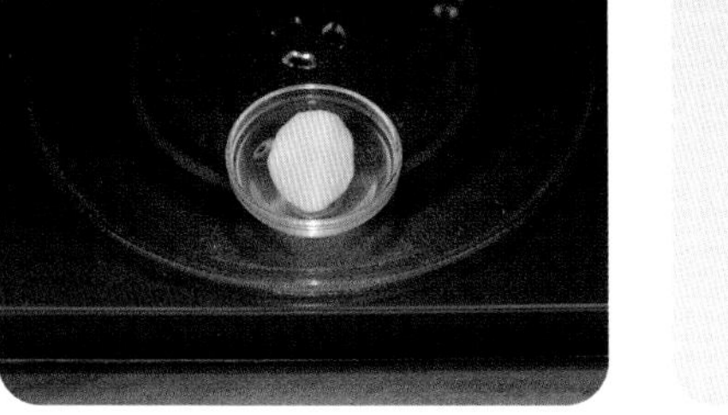

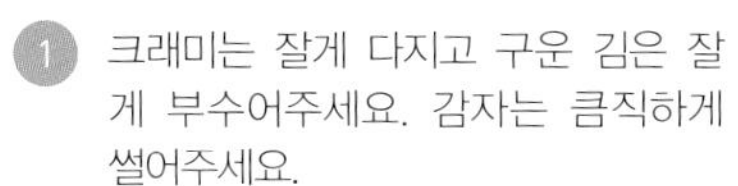
1. 크래미는 잘게 다지고 구운 김은 잘게 부수어주세요. 감자는 큼직하게 썰어주세요.

2. 감자는 소량의 물과 함께 약 2분간 전자레인지에 돌려 익힌 후 으깨주세요.

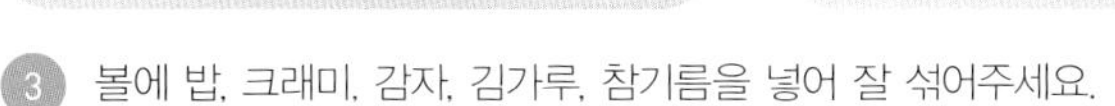
3. 볼에 밥, 크래미, 감자, 김가루, 참기름을 넣어 잘 섞어주세요.

4. 동그랗게 뭉쳐 주먹밥을 만들어주세요.

- 감자는 포크나 매셔를 이용해 으깨주세요.
- 싱거우면 아기간장 0.5티스푼을 추가해주세요.

고등어마요주먹밥

어린아이에게는 캔참치를 먹일 수 없어서 고등어로 주먹밥을 만들어보았어요.
참치마요주먹밥보다 더 고소해요. 엄마, 아빠용으로 만들 때는 소금을 추가해주세요.

 고등어 40g, 마요네즈 2티스푼, 구운 김 2g(김밥용 김 1장), 밥 100g

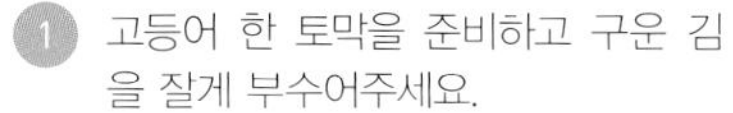

1 고등어 한 토막을 준비하고 구운 김을 잘게 부수어주세요.

2 기름을 둘러 고등어를 약 3분간 뒤집어가며 노릇노릇하게 구워주세요. 고등어를 볼에 담아 잘게 잘라주세요.

3 볼에 밥과 고등어, 마요네즈, 김가루를 넣어 잘 섞어주세요.

4 동그랗게 뭉쳐 주먹밥을 만들어주세요.

- 소포장된 아기용 고등어를 사용했어요.
- 무조미 김, 조미 김 모두 좋아요.
- 약콩으로 만든 비건 마요네즈를 사용했어요. 어른용 마요네즈를 사용한다면 소량씩 넣어보세요.

삼색주먹밥

신호등 주먹밥이라고 시니가 별명을 지어준 메뉴예요.
골라먹는 재미가 있어 아이의 흥미를 유발할 수 있고 간단하고 예뻐서 소풍 도시락 메뉴로도 좋습니다.

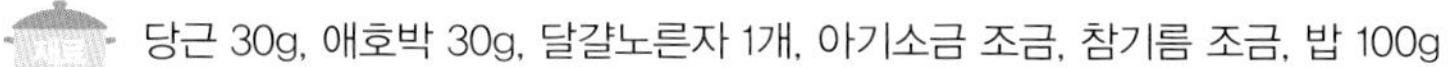

당근 30g, 애호박 30g, 달걀노른자 1개, 아기소금 조금, 참기름 조금, 밥 100g

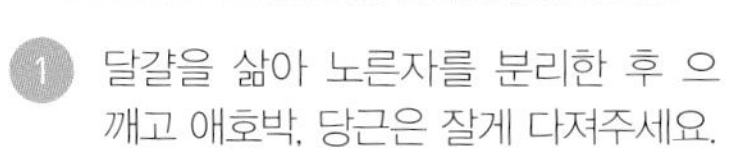

1 달걀을 삶아 노른자를 분리한 후 으깨고 애호박, 당근은 잘게 다져주세요.

2 기름을 둘러 당근, 애호박을 따로따로 볶아주세요.

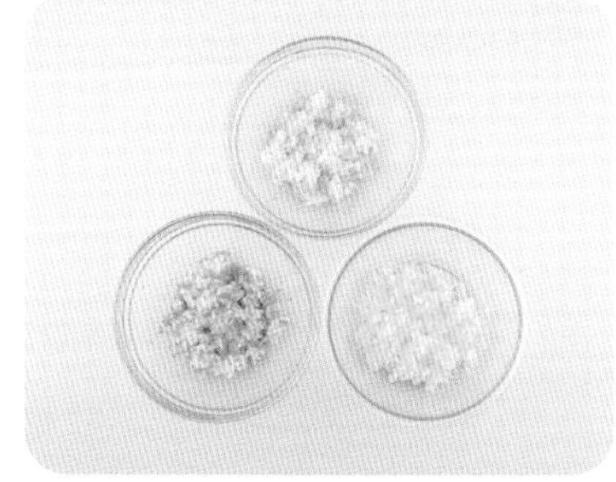

3 당근, 애호박, 노른자를 각각의 볼에 따로 분리하고 밥, 아기소금, 참기름을 넣어 섞어주세요.

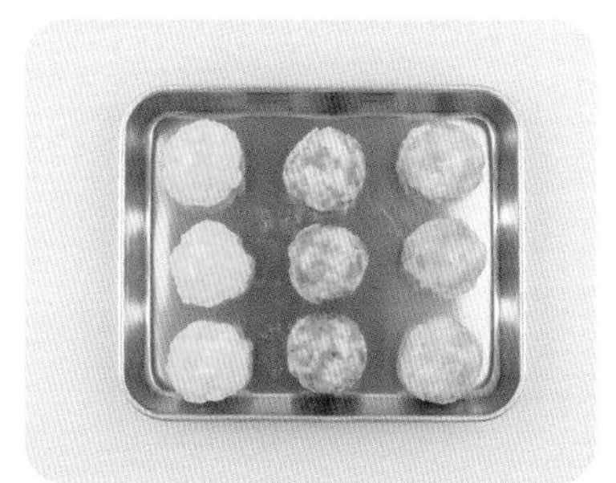

4 각각 동그랗게 뭉쳐 주먹밥을 만들어주세요.

TIP

- 당근과 애호박이 섞이지 않게 따로 볶아주세요.
- 모양이 잡히지 않으면 랩으로 감싸 10~20분간 두었다가 랩을 제거해주세요.

베이컨옥수수 주먹밥

시니가 좋아하는 주먹밥 1위 메뉴랍니다. 달콤한 옥수수와 짭조름한 베이컨은 아이들의 완밥을 부르는 최고의 조합입니다. 씹을 때 톡 터지는 옥수수의 식감도 재미있어요.

베이컨 30g, 옥수수 30g, 양파 10g, 애호박 10g, 밥 100g

1 베이컨은 뜨거운 물에 살짝 담갔다가 기름기와 염분을 제거하고 물기를 뺀 후 잘게 다져주세요. 양파와 애호박은 잘게 다지고 옥수수는 키친타월로 물기를 꾹 짜내 준비해주세요.

2 기름을 소량 두르고 베이컨, 애호박, 양파를 약 1분간 볶아주세요.

3 옥수수를 넣어 수분을 날려주며 약 1분간 볶아주세요.

4 볼에 밥과 볶은 재료를 넣어 잘 섞어주세요.

5 동그랗게 뭉쳐 주먹밥을 만들어주세요.

- 통조림용 스위트콘을 사용했어요. 찰옥수수나 초당옥수수 등을 익혀 사용할 경우 잘게 다져 조리해주세요.
- 베이컨에서 기름이 나올 수 있으므로 기름은 소량 사용했어요. 베이컨에 따라 기름의 양을 조절해주세요.
- 볶은 재료에 기름이 많으면 주먹밥이 잘 뭉쳐지지 않으니 키친타월로 기름을 제거해주세요.

소고기데리야키주먹밥

인스타그램에 올렸을 때 인기 폭발이었던 메뉴예요.
맛과 영양까지 있어 엄마뿐만 아니라 아이들의 마음도 사로잡아 완밥 후기가 많았어요.

소고기 다짐육 30g, 당근 10g, 애호박 10g, 양파 10g, 밥 100g

물 5ml, 아기간장 1티스푼, 올리고당 1티스푼, 맛술 0.5티스푼, 다진 마늘 1g

1. 소고기 다짐육은 키친타월로 핏물을 제거하고 당근, 애호박, 양파는 잘게 다져주세요. 분량의 양념을 섞어 데리야키 소스를 만들어주세요.

2. 기름을 둘러 소고기 다짐육을 약 1분간 볶아주세요.

3. 당근, 애호박, 양파를 넣고 약 1분간 볶아주세요.

4. 데리야키 소스를 넣어 잘 섞어가며 볶아주세요.

5. 볼에 밥과 데리야키 소고기를 넣고 잘 섞어주세요.

6. 동그랗게 뭉쳐 주먹밥을 만들어주세요.

- 다진 마늘은 생략 가능해요.
- 소스를 넣은 후에는 자칫 탈 수 있으니 가스불을 줄이고 빠르게 조리해주세요.

소고기마요주먹밥

기본 소고기주먹밥에 마요네즈를 추가해
고소하고 담백한 주먹밥을 만들었어요.

소고기 다짐육 30g
당근 10g
양파 10g
구운 김 2g(김밥용 김 1장)
통깨 조금
밥 100g

아기간장 0.5티스푼
마요네즈 2티스푼

1 당근, 양파는 잘게 다지고 소고기 다짐육은 핏물을 빼고 구운 김은 잘게 부수어주세요.

2 기름을 둘러 소고기와 양파, 당근을 약 1분 30초간 볶다가 아기간장을 넣어 약 1분간 더 볶아주세요.

3 그릇에 밥을 담고 김가루, 볶은 재료, 마요네즈, 통깨를 넣어 섞어주세요.

4 동그랗게 뭉쳐 주먹밥을 만들어주세요.

TIP

- 간장을 추가하지 않아도 맛있어요.
- 조미 김, 무조미 김 모두 좋아요.
- 아이가 마요네즈에 익숙지 않다면 소량 사용해보면서 천천히 늘려주세요.

크래미오이마요주먹밥

크래미오이샐러드로 주먹밥을 만들었어요. 마요네즈의 고소함과 오이의 상큼함이 잘 어울려요.
오이를 싫어하는 아이도 잘 먹었다는 후기가 많았던 메뉴입니다.

크래미 40g(2개)
오이 30g
마요네즈 1티스푼
밥 100g

1 크래미와 오이는 잘게 다져주세요.

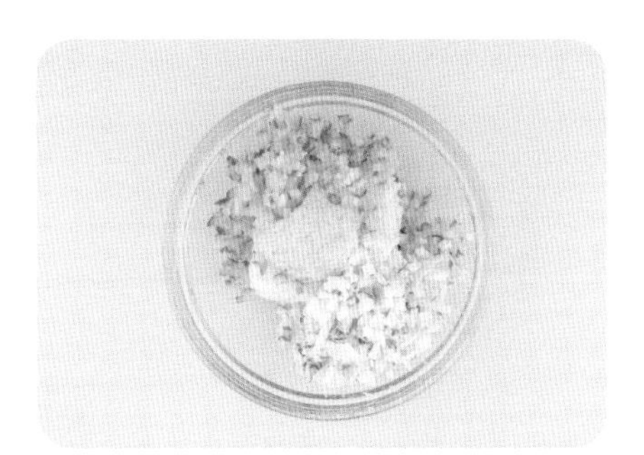

2 볼에 밥, 크래미, 오이, 마요네즈를 넣고 섞어주세요.

3 동그랗게 뭉쳐 주먹밥을 만들어주세요.

TIP

- 다진 오이의 물기는 면보나 키친타월로 빼주세요.

소고기밥머핀

밥과 달걀을 머핀틀에 붓고 오븐으로 구워낸 밥 머핀입니다.
이유식에서 유아식으로 넘어가는 시기에 자주 해준 메뉴예요. 간단한 식사용으로 좋고 영양 간식으로도 손색없어요.

소고기 다짐육 30g, 당근 10g, 애호박 10g, 양파 10g, 달걀 1개, 소금 1꼬집, 밥 100g

1 소고기 다짐육은 키친타월로 핏물을 제거하고 달걀은 풀어주세요. 당근, 애호박, 양파는 잘게 다져주세요.

2 기름을 둘러 소고기를 약 1분간 볶다가 당근, 애호박, 양파를 넣고 약 1분간 더 볶아주세요.

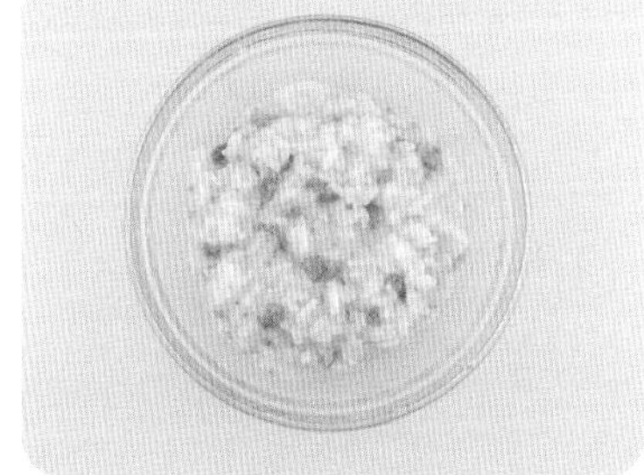

3 그릇에 밥을 담고 볶은 재료와 달걀, 소금을 넣어 잘 섞어주세요.

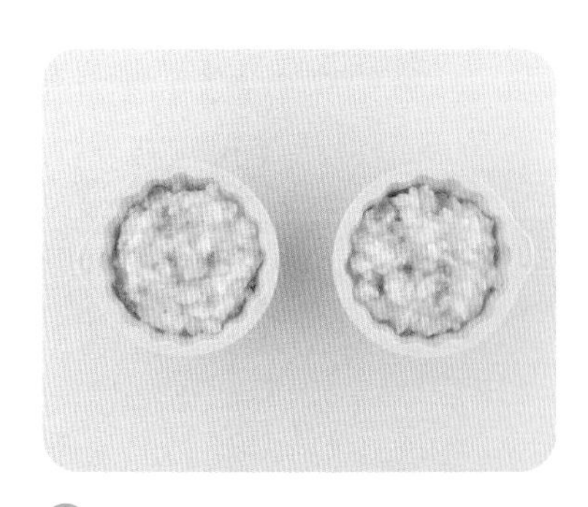

4 실리콘 머핀틀에 나눠 담아주세요.

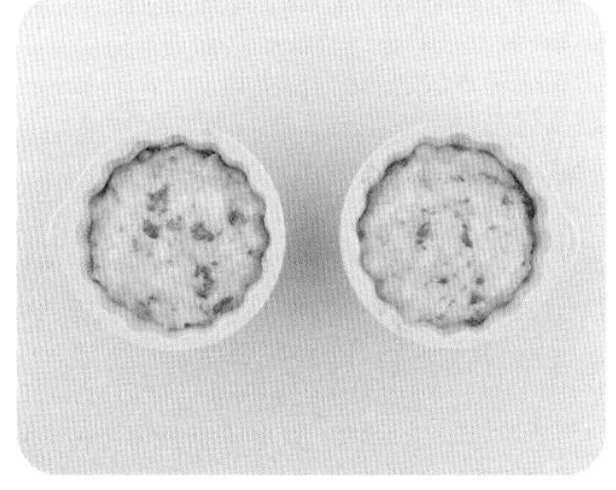

5 오븐을 예열한 후 180℃에서 10~15분간 구워주세요.

TIP

- 2~3개 분량으로 나눠주세요.
- 오븐 제조사마다 사양이 다르니 시간은 참고만 해주세요.

소고기콩나물비빔밥

콩나물을 무쳐낸 후 간장 베이스의 양념 소고기 볶음과 함께 비벼 먹는 메뉴예요.
어른용은 고추장에 비벼주세요.

소고기 다짐육 30g, 콩나물 30g, 대파 3g, 통깨 조금, 밥 100g

아기소금 1꼬집, 참기름 조금, 아기간장 1티스푼, 설탕 0.5티스푼

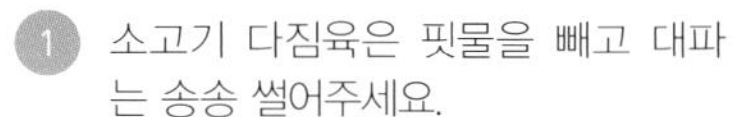

1 소고기 다짐육은 핏물을 빼고 대파는 송송 썰어주세요.

2 콩나물을 약 4분간 삶아 흐르는 물에 헹군 후 체에 밭쳐 물기를 제거해주세요.

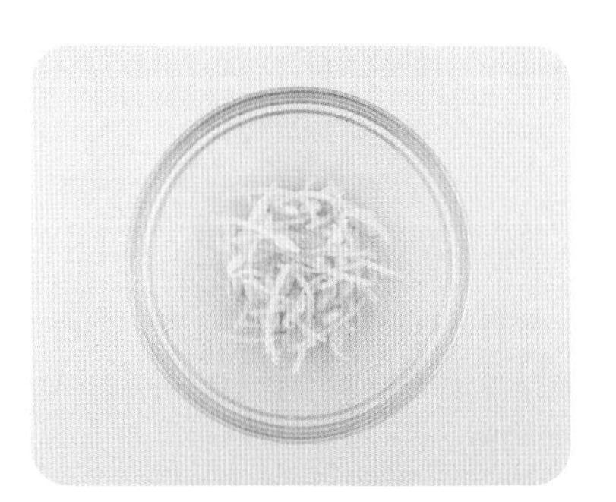

3 아기소금과 참기름을 넣어 조물조물 무쳐주세요.

4 기름을 둘러 소고기 다짐육을 약 1분간 볶다가 아기간장과 설탕을 넣고 약 30초간 더 볶아주세요.

5 밥과 콩나물을 섞어주세요. 그 위에 소고기 고명을 올리고 통깨와 참기름을 뿌려주세요.

• 소고기 다짐육은 앞다릿살을 사용했어요. 구이용 소고기를 잘게 다져서 만들어도 좋아요.

소고기미역크림리소토

주로 국 재료로 쓰이던 소고기와 미역으로 리소토를 만들어보았어요.
인스타그램 인기 메뉴입니다. 아이들이 잘 먹었다는 후기가 많았어요.

소고기 다짐육 40g, 건미역 1g, 당근 10g, 양파 10g, 우유 200ml, 아기치즈 1장, 밥 100g

1 미역을 물에 약 20분간 불린 후 물에 헹궈 물기를 짜낸 후 잘게 잘라주세요. 당근, 양파는 잘게 다져주세요. 소고기 다짐육은 키친타월로 핏물을 빼주세요.

2 기름을 둘러 소고기 다짐육과 미역을 약 1분간 볶아주세요.

3 당근과 양파를 넣고 약 1분간 볶아주세요.

4 우유를 부어 약 3분간 끓여주세요.

5 밥을 넣어 잘 섞어가며 약 1분간 끓여주세요.

6 아기치즈를 넣어 녹여주세요.

TIP

- 우유는 식으면서 농도가 되직해지니 원하는 농도보다 묽은 상태일 때 가스불을 꺼주세요.
- 치즈는 잔열 상태에서 밥에 섞어도 금방 녹아요.

크래미크림리소토

레스토랑에서 먹던 게살리소토를 집에서 만들어보았어요.
게살 대신 크래미를 사용했지만 게살리소토 못지않습니다. 소금 간을 추가한다면 엄마, 아빠 식사로도 훌륭한 메뉴가 됩니다.

크래미 40g(2개), 양파 30g, 브로콜리 10g, 우유 200ml, 아기치즈 1장, 밥 100g

1. 크래미는 결대로 찢고 양파는 채썰고 브로콜리는 줄기를 제거 후 먹기 좋게 썰어주세요.
2. 기름을 둘러 양파를 약 1분간 볶아주세요.
3. 크래미와 브로콜리를 넣고 약 1분간 볶아주세요.

4. 우유를 부어 약 3분간 끓여주세요.
5. 밥을 넣어 잘 섞어주며 약 1분간 끓여주세요.

6. 아기치즈를 넣어 녹여주세요.

- 브로콜리 줄기에는 영양가가 많지만 아이가 먹기엔 딱딱할 수 있어 제거했어요. 아이가 거부감이 없다면 잘게 다져 넣어주세요.
- 우유는 식으면서 농도가 되직해지니 원하는 농도보다 묽은 상태일 때 가스불을 꺼주세요.

닭고기버섯간장크림리소토

우유와 간장이 의외로 잘 어울리고 감칠맛이 더해져 맛있어요.
아이들이 싫어하는 버섯도 잘 먹게 되는 메뉴입니다.

닭다릿살 40g, 느타리버섯 10g, 당근 10g, 양파 10g, 우유 200ml, 아기치즈 1장, 아기간장 1.5티스푼, 밥 100ml

1 닭다릿살은 먹기 좋게 썰고 당근, 양파, 느타리버섯은 잘게 다져주세요.

2 기름을 둘러 닭고기를 약 1분간 볶아주세요.

3 당근, 양파, 느타리버섯을 넣고 약 1분간 볶아주세요.

4 우유를 부어 약 3분간 끓여주세요.

5 밥과 아기간장을 넣어 잘 섞어주며 약 1분간 끓여주세요.

6 아기치즈를 넣어 녹여주세요.

- 닭다릿살은 닭가슴살이나 닭안심으로 대체 가능해요.
- 우유는 식으면서 농도가 되직해지니 원하는 농도보다 묽은 상태일 때 가스불을 꺼주세요.

닭고기두부리소토

닭고기와 두부가 만나 담백하고 고소한 리소토가 완성됐어요.
두부가 부드러워 어린아이가 먹기에도 부담이 없어요.

닭가슴살 30g, 두부 30g, 당근 10g, 애호박 10g, 양파 10g, 우유 200ml, 아기치즈 1장, 밥 100g

1 닭가슴살, 당근, 애호박, 양파는 잘게 다져주세요. 두부는 키친타월로 물기를 제거한 후 으깨주세요.

2 기름을 둘러 닭가슴살을 약 1분간 볶아주세요.

3 당근, 애호박, 양파를 넣고 약 1분간 볶아주세요.

4 우유를 붓고 두부를 넣어 약 3분간 끓여주세요.

5 밥을 넣어 잘 섞어가며 약 1분간 끓여주세요.

6 아기치즈를 넣어 녹여주세요.

TIP

- 닭가슴살은 닭안심이나 닭다릿살로 대체 가능해요.
- 싱거우면 소금 1꼬집을 추가해주세요.

소고기크림카레리소토

부드러운 우유에 은은한 카레 향과 감칠맛을 더한 메뉴입니다.
카레를 처음 접하는 아이도 부담스럽지 않게 즐길 수 있어요.

소고기 다짐육 40g, 당근 10g, 애호박 10g, 양파 10g 카레가루 2티스푼, 우유 200ml, 아기치즈 1장, 밥 100g

1 소고기 다짐육은 키친타월로 핏물을 제거하고 당근, 애호박, 양파는 잘게 다져주세요.

2 기름을 둘러 약 1분간 소고기 다짐육을 볶아주세요.

3 당근, 애호박, 양파를 넣고 약 1분간 볶아주세요.

4 우유를 붓고 카레가루를 넣어 휘휘 저어주며 약 3분간 끓여주세요.

5 우유가 끓어오르면 밥을 넣어 잘 섞어가며 약 1분간 끓여주세요.

6 아기치즈를 넣어 녹여주세요.

잘게 갈아 꿀떡꿀떡 맛있는
죽

소고기미역죽

소고기미역국을 응용해 만든 죽입니다. 입맛 없어할 때나 아침 식사로 해주면 좋아요.
남은 소고기미역국이 있다면 밥을 넣고 푹 끓여주어도 돼요.

 소고기 다짐육 30g, 건미역(1g), 밥 70g, 물 300ml, 참기름 2티스푼

 아기간장 0.5티스푼, 아기소금 1꼬집

1. 소고기 다짐육은 키친타월로 핏물을 빼주세요. 미역은 물에 약 20분간 불린 후 물에 헹궈 물기를 짜낸 후 잘게 잘라주세요.

2. 참기름을 둘러 소고기 다짐육을 약 1분간 볶아주세요.

3. 미역을 넣고 약 1분간 볶아주세요.

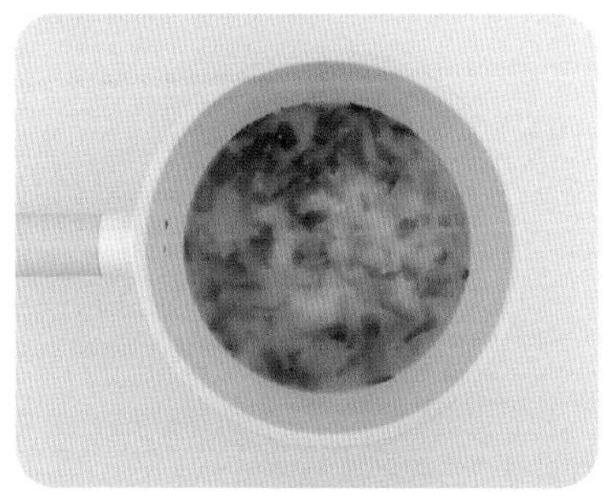

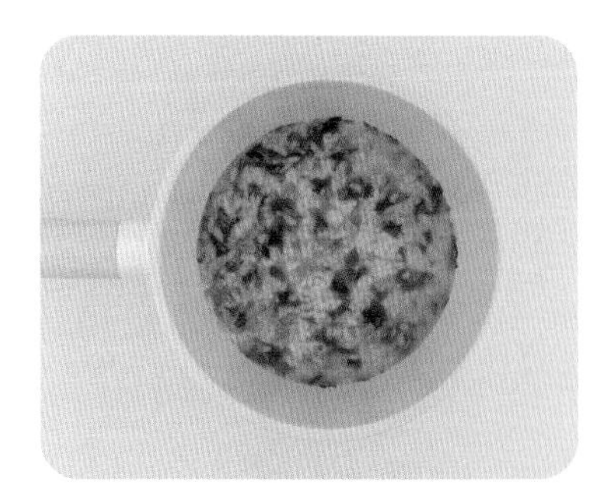

4. 물을 붓고 밥과 분량의 양념을 넣어 저어주며 약 10분간 끓여주세요.

TIP

- 소고기 다짐육은 앞다릿살을 사용했어요. 다른 부위의 소고기를 다져서 사용해도 됩니다.

채소달걀죽

냉장고 속 채소와 달걀만으로도 간단히 만들 수 있는 죽입니다.
부드러운 식감의 달걀을 넣어 목 넘김이 좋습니다. 초간단 아침 메뉴로 추천합니다.

당근 10g
애호박 10g
양파 10g
달걀 1개
물 300ml
밥 70g
아기소금 1꼬집

1. 당근, 애호박, 양파는 잘게 다지고 달걀은 풀어주세요.
2. 기름을 둘러 당근, 애호박, 양파를 약 1분간 볶아주세요.

3. 물을 붓고 밥을 넣어 저어주며 약 5분간 끓여주세요.

4. 달걀물을 붓고 아기소금을 넣어 잘 섞어주며 약 5분간 끓여주세요.

크래미달걀죽

중국식 게살수프가 생각나는 죽입니다.
따로 간을 하지 않아도 맛있어요.

크래미 40g(2개)
달걀 1개
양파 10g
물 300ml
밥 70g

① 크래미와 양파는 잘게 다지고 달걀은 풀어주세요.

② 기름을 둘러 크래미와 양파를 약 1분간 볶아주세요.

③ 물을 붓고 밥을 넣어 저어주며 약 5분간 끓여주세요.

④ 달걀물을 붓고 잘 섞어주며 약 5분간 더 끓여주세요.

TIP

• 크래미에 간이 되어 있어 따로 간을 하지 않았습니다. 싱거우면 소금이나 간장을 추가해주세요.

단호박죽

아이들이 좋아하는 죽 1위는 단호박죽이 아닐까 싶어요.
달콤하고 부드러워서 아이의 입맛을 돋우는 마법 같은 메뉴예요.

단호박 200g, 찹쌀물(찹쌀가루 20g + 물 100ml), 물 200ml

설탕 0.5큰숟가락, 아기소금 1꼬집

1 단호박은 껍질을 벗겨 씨를 제거하고 큼직하게 썰어주세요.

2 단호박을 소량의 물과 함께 전자레인지에 약 5분간 돌려 익힌 후 으깨주세요.

3 물과 찹쌀가루를 섞어 찹쌀물을 만들어주세요.

4 냄비에 물과 단호박을 넣고 찹쌀물을 부어 약 5분간 끓여주세요.

5 설탕과 아기소금을 넣어 간을 맞추고 약 5분간 끓여 농도를 맞춰주세요.

TIP

- 단호박을 먼저 삶은 후 썰어도 좋아요(과정 1).
- 단호박은 포크나 매셔로 으깨주세요. 믹서기나 핸드블렌더로 갈아주면 더 부드러워요.
- 찹쌀가루가 없다면 쌀가루를 사용하거나 일반 밥을 물과 함께 갈아서 만들어주세요.
- 단호박의 당도에 따라 설탕의 양을 조절해주세요.

소고기들깨죽

들깨의 고소함이 소고기와 어우러진 영양 만점 죽입니다.
은은하게 퍼지는 들깨 향이 없던 입맛도 돌아오게 해요.

소고기 다짐육 30g, 당근 10g, 애호박 10g, 양파 10g, 들깨가루 1티스푼, 아기간장 0.5티스푼, 물 300ml, 밥 70g

1 소고기 다짐육은 키친타월로 핏물을 빼고 당근, 애호박, 양파는 잘게 다져주세요.

2 기름을 둘러 소고기 다짐육을 약 1분간 볶아주세요.

3 당근, 애호박, 양파를 넣고 약 1분간 볶아주세요.

4 물을 붓고 밥을 넣어 저어주며 약 5분간 끓여주세요.

5 들깨가루와 아기간장을 넣고 잘 섞어주며 약 5분간 더 끓여주세요.

TIP

- 소고기 다짐육은 앞다릿살을 사용했어요.
- 들깨가루를 좋아한다면 용량을 늘려주세요.

닭고기버섯죽

닭고기 한 덩이와 버섯만 있으면 닭죽을 끓일 수 있어요.
버섯 대신 다른 채소를 넣어도 맛있어요.

닭가슴살 30g
느타리버섯 20g
양파 10g
아기소금 1꼬집
물 300ml
밥 70g

1 닭가슴살과 느타리버섯, 양파는 잘게 다져 주세요.

2 기름을 둘러 닭가슴살을 약 1분간 볶아주세요.

3 느타리버섯과 양파를 넣고 약 1분간 볶아 주세요.

4 물을 붓고 밥과 아기소금을 넣어 잘 섞어주며 약 10분간 끓여주세요.

TIP

- 닭가슴살 대신 닭안심살이나 닭다릿살을 사용해도 좋아요.

대구살채소죽

생선죽이라고 하면 비릴 것 같지만 기름에 달달 볶아 푹 끓여 만들면 비리지 않고 고소합니다.
대구살 큐브를 이용해 간단하게 만들었어요. 가시를 잘 발라내어 끓여주세요.

대구살 30g
당근 10g
애호박 10g
양파 10g
물 300ml
밥 70g

아기간장 0.5티스푼
아기소금 1꼬집

1 대구살, 당근, 애호박, 양파는 잘게 다져주세요.

2 기름을 둘러 대구살을 약 1분간 볶아주세요.

3 당근, 애호박, 양파를 넣고 약 1분간 볶아주세요.

4 물을 붓고 밥과 분량의 양념을 넣어 잘 섞어주며 약 10분간 끓여주세요.

TIP

• 냉동 대구살 큐브를 사용했어요. 대구살 대신 다른 생선류를 사용해도 좋아요.

새우치즈죽

새우와 치즈는 죽으로 만들어도 잘 어울려요. 치즈의 진한 맛이 더해져 그냥 새우죽보다 고소합니다.
리소토 느낌도 나서 한식과 양식의 퓨전 메뉴 같기도 해요.

재료

새우 40g(4마리)
당근 20g
아기치즈 1장
물 300ml
밥 70g

1 새우와 당근은 잘게 다져주세요.

2 기름을 둘러 새우와 당근을 약 1분간 볶아 주세요.

3 물을 붓고 밥을 넣어 저어주며 약 5분간 끓여주세요.

4 아기치즈를 넣고 잘 섞어주며 약 5분간 끓여주세요.

TIP

- 껍질이 없는 냉동 새우를 사용했어요.
- 새우와 치즈에 간이 되어 있어 따로 간을 하지 않았어요. 싱거우면 소금을 추가해주세요.

매생이죽

바다의 향기가 물씬 나는 매생이로 만든 죽입니다.
매생이는 미역과 유사한 맛이 나는데 미역보다 부드러워서 매생이죽을 좋아하는 아이가 많아요.

건조 매생이 1g, 당근 10g, 애호박 10g, 양파 10g, 물 250ml, 밥 70g

아기간장 0.5티스푼, 아기소금 1꼬집

1. 당근, 애호박, 양파는 잘게 다져주세요.

2. 기름을 둘러 당근, 애호박, 양파를 약 1분간 볶아주세요.

3. 물을 붓고 건조 매생이를 넣고 풀어주며 저어주세요.

4. 밥과 분량의 양념을 넣고 잘 섞어주며 약 10분간 끓여주세요.

- 건조시키지 않은 매생이를 사용해도 됩니다.

두부김죽

죽에 고명으로 사용하는 부재료인 김을 메인 재료로 사용해서 끓인 죽입니다.
김을 양껏 넣어 푹 끓여내면 김 특유의 고소한 맛이 올라오는데 두부와 정말 잘 어울린답니다.

두부 30g, 당근 10g, 애호박 10g, 양파 10g, 구운 김 2g(김밥용 김 1장), 물 300ml, 밥 70g

아기간장 0.5티스푼, 아기소금 1꼬집

1 두부는 키친타월로 물기를 제거한 후 으깨고 당근, 애호박, 양파는 잘게 다져주세요. 김은 잘게 부수어주세요.

2 기름을 둘러 당근, 애호박, 양파를 약 1분간 볶아주세요.

3 두부를 넣고 약 30초간 볶아주세요.

4 물을 붓고 밥을 넣어 저어주며 약 5분간 끓여주세요.

5 김과 분량의 양념을 넣고 잘 섞어주며 약 5분간 끓여주세요.

소고기배추된장죽

된장으로 끓이는 구수한 죽이에요.
된장국에 밥을 말아 먹는 것보다 더 부드럽고 맛있어요.

소고기 다짐육 30g
알배기배추 20g
양파 10g
아기된장 0.5티스푼
물 300ml
밥 70g

1. 소고기 다짐육은 키친타월로 핏물을 빼고 알배기배추와 양파는 잘게 다져주세요.

2. 기름을 둘러 소고기 다짐육을 약 1분간 볶아주세요.

3. 알배기배추와 양파를 넣고 약 1분간 볶아주세요.

4. 물을 붓고 아기된장을 풀어주세요.

5. 밥을 넣어 잘 섞어주며 약 10분간 끓여주세요.

밥 말고 딴 거! 후루룩 짭짭

면요리

소불고기볶음우동

아이의 고기반찬 중 단골 메뉴인 소불고기를 우동면과 함께 볶아보세요.
탱탱한 면발에 소불고기의 달고 짭짤한 양념이 배어 맛있는 우동 요리가 완성된답니다.

불고기용 소고기 40g, 당근 10g, 양파 10g, 대파 5g, 다진 마늘 1g, 우동면 100g

물 50ml, 아기간장 2티스푼, 설탕 1티스푼, 맛술 0.5티스푼, 참기름 조금, 통깨 조금

1. 불고기용 소고기는 키친타월로 핏물을 제거하고 양파, 당근은 채썰어주세요. 대파는 송송 썰고 마늘은 다져주세요.

2. 볼에 소고기를 담고 당근, 양파, 대파, 다진 마늘을 넣고 분량의 양념을 넣어 약 20분간 재워주세요.

3. 끓는 물에 우동면을 넣고 약 1분 30초간 삶은 후 흐르는 물에 헹궈 체에 밭쳐 물기를 빼주세요.

4. 팬에 양념된 소불고기를 넣고 약 2분간 볶아주세요.

5. 우동면을 넣어 양념과 잘 섞어주며 약 1분간 볶아주세요.

6. 가스불을 끄고 참기름과 통깨를 뿌려주세요.

- 시간이 없으면 양념에 재우는 단계는 생략해도 좋아요(과정 2).

달걀우동

부드러운 달걀이 들어간 초간단 우동이에요.
맛이 강하지 않아 우동을 처음 먹는 아이라도 편하게 즐길 수 있습니다.

멸치다시마육수 350ml, 달걀 1개, 당근 10g, 양파 10g, 애호박 10g, 대파 5g, 우동면 100g

아기간장 1티스푼, 아기소금 1꼬집

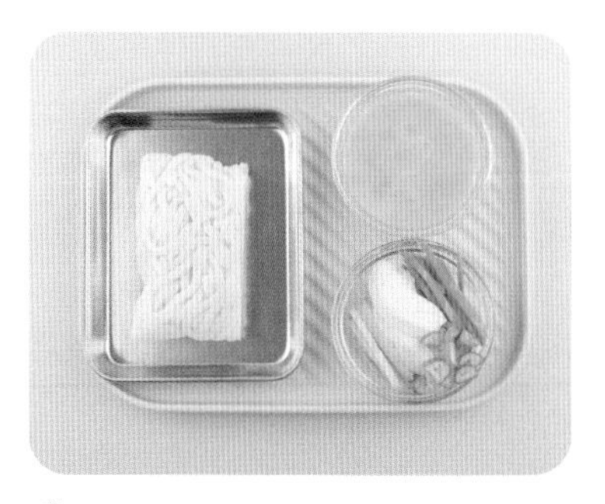

1. 당근, 애호박, 양파는 채썰고 대파는 송송 썰고 달걀은 풀어주세요.

2. 멸치다시마육수를 끓여주세요.

3. 멸치, 다시마를 건져내고 양파, 애호박, 당근을 넣어 약 1분간 끓여주세요.

4. 우동면과 분량의 양념을 넣고 약 3분간 끓여주세요.

5. 달걀물을 붓고 대파를 넣고 약 1분간 그대로 끓여주세요.

TIP

- 멸치다시마육수는 국물용 멸치 2마리, 다시마 1장을 물과 함께 끓여주세요. 멸치다시마육수 대신 다른 육수팩을 사용해도 좋아요.
- 우동면은 살살 풀어주며 끓여주세요.
- 달걀물을 바로 저으면 국물이 탁해지니 주의해주세요(과정 5).

어묵우동

어묵탕과 우동면을 좋아하는 시니를 위해 생각해낸 메뉴입니다.
시원한 어묵탕 국물이 우동면과 잘 어울려요.

멸치다시마육수 500ml, 어묵 40g(1장), 무 40g, 대파 5g, 다진 마늘 1g, 삶은 달걀(고명용) 0.5개, 피시볼(생선튀김) 조금, 우동면 100g

아기간장 1티스푼, 올리고당 1티스푼

1. 어묵은 먹기 좋게 썰어 뜨거운 물을 붓고 체에 밭쳐 물기와 기름을 빼주세요. 무는 나박나박 썰고 대파는 송송 썰고 마늘은 다져주세요. 삶은 달걀, 생선튀김 등 고명으로 올릴 재료를 준비해주세요.

2. 멸치다시마육수를 약 3분간 끓여주세요.

3. 멸치와 다시마를 건져내고 무를 넣어 약 5분간 끓여주세요.

4. 어묵과 다진 마늘, 분량의 양념을 넣고 약 5분간 끓여주세요.

5. 우동면을 넣고 약 3분간 끓여주세요.

6. 대파를 넣어 약 2분간 끓여주세요. 완성 후 어묵을 접어 꼬치에 끼워주세요. 그릇에 우동을 담고 고명을 올려주세요.

TIP

- 멸치다시마육수는 국물용 멸치 2마리, 다시마 1장을 물과 함께 끓여주세요. 멸치다시마육수 대신 다른 육수팩을 사용해도 좋아요.
- 우동면을 살살 풀어주며 끓여주세요(과정 5).
- 어묵은 꼬치에 끼워도 좋고 먹기 좋게 썰어도 좋아요.
- 고명은 튀김, 삶은 달걀 등 자유롭게 올려주세요.

짜장국수

강한 짜장 소스를 먹지 못하는 아이들을 위해 만들어봤어요.
어른들이 먹는 짜장보다 묽게 만들어 덜 자극적이고 소면으로 만들어서 아이도 후루룩 잘 먹습니다.

 돼지고기 다짐육 30g, 양파 30g, 달걀(고명용) 0.5개, 오이(고명용) 5g, 물 200ml, 짜장가루 1큰술가락, 소면 50g

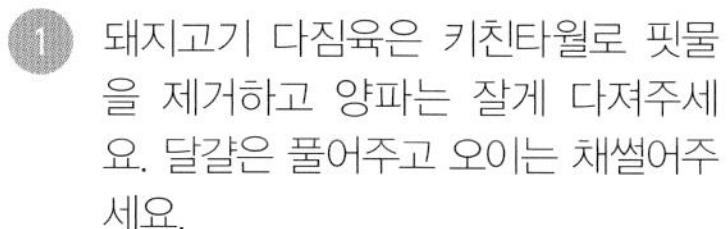

1. 돼지고기 다짐육은 키친타월로 핏물을 제거하고 양파는 잘게 다져주세요. 달걀은 풀어주고 오이는 채썰어주세요.

2. 기름을 둘러 달걀물을 부어 달걀지단을 부친 후에 잘게 채썰어주세요.

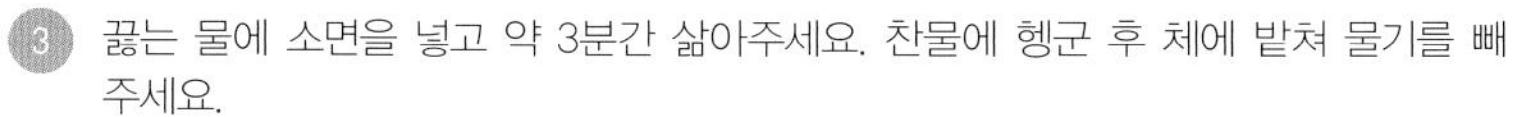

3. 끓는 물에 소면을 넣고 약 3분간 삶아주세요. 찬물에 헹군 후 체에 밭쳐 물기를 빼주세요.

4. 기름을 둘러 돼지고기 다짐육과 다진 양파를 넣고 약 3분간 볶아주세요.

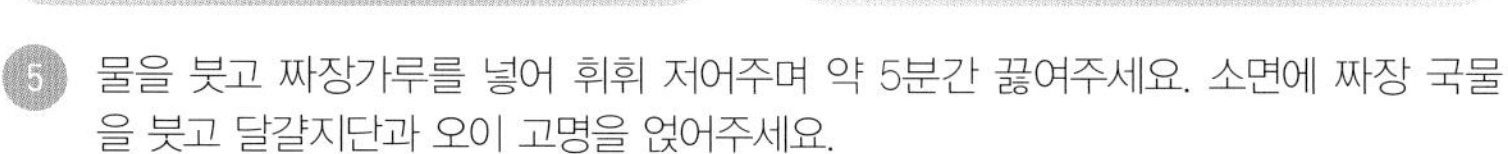

5. 물을 붓고 짜장가루를 넣어 휘휘 저어주며 약 5분간 끓여주세요. 소면에 짜장 국물을 붓고 달걀지단과 오이 고명을 얹어주세요.

- 소면을 삶는 시간은 제품 포장지에 기재된 조리 시간을 참고해주세요.
- 짜장가루가 뭉치지 않게 여러 번에 나눠 넣고 빠르게 저어주세요.

잔치국수

아이의 첫 면요리로 추천하는 메뉴입니다.
멸치다시마육수로 국물을 내어 감칠맛이 나고 노랑, 주황, 연두색의 고명이 아이의 눈길을 사로잡아요.

멸치다시마육수 250ml, 달걀 1개, 당근 10g, 애호박 10g, 김(고명용) 조금, 소면 50g

아기간장 0.5티스푼, 아기소금 1꼬집

물 5ml, 아기간장 1티스푼, 설탕 0.5티스푼, 참기름 0.5티스푼, 통깨 조금

1. 당근, 애호박은 채썰고 달걀은 풀어주세요. 구운 김을 잘라 실김을 만들어 주세요.

2. 끓는 물에 소면을 넣고 약 3분간 삶아주세요. 찬물에 헹군 후 체에 밭쳐 물기를 빼주세요.

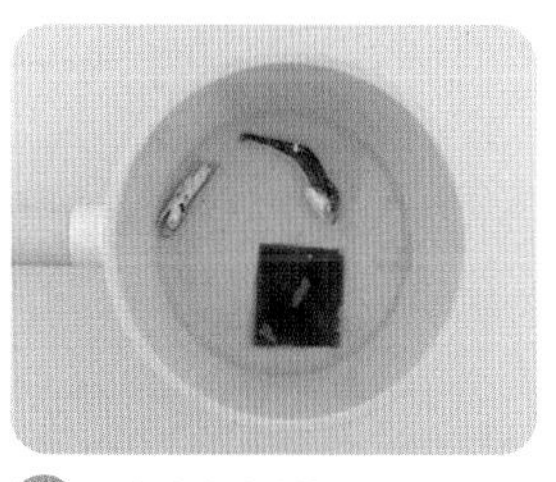

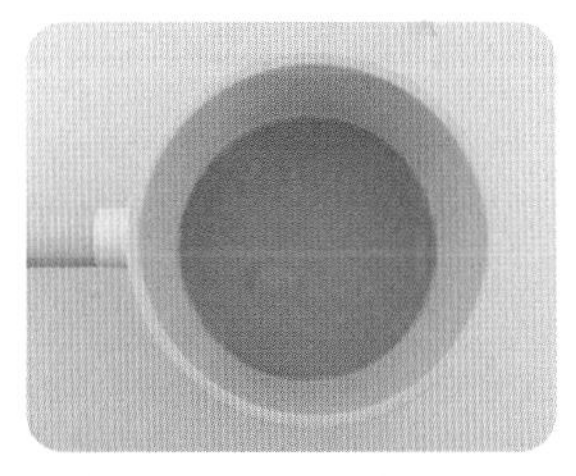

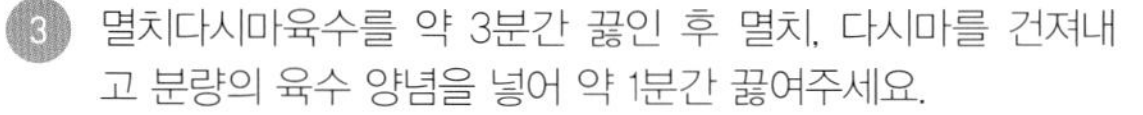

3. 멸치다시마육수를 약 3분간 끓인 후 멸치, 다시마를 건져내고 분량의 육수 양념을 넣어 약 1분간 끓여주세요.

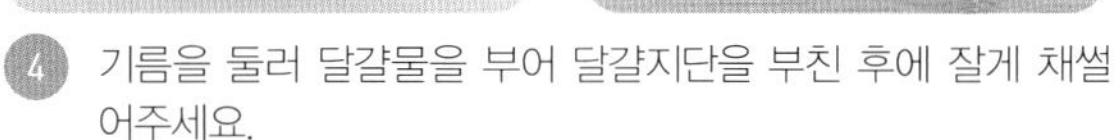

4. 기름을 둘러 달걀물을 부어 달걀지단을 부친 후에 잘게 채썰어주세요.

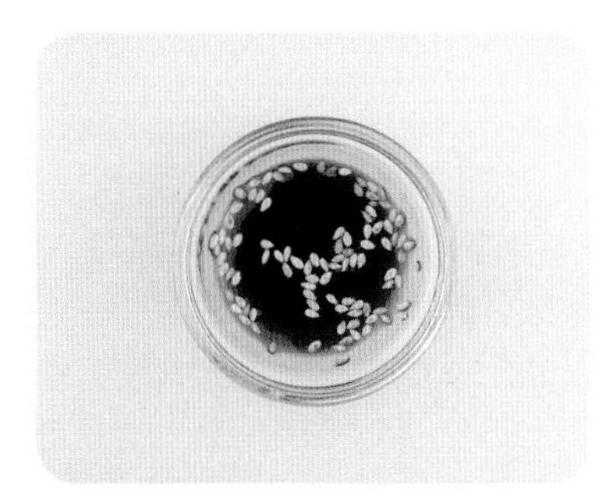

5. 기름을 둘러 당근, 애호박을 약 2분간 볶아주세요.

6. 분량의 양념을 섞어 양념장을 만들어 주세요. 그릇에 소면을 담고 육수를 붓고 애호박, 당근, 김 고명을 올려주세요. 양념장을 넣어 간을 맞춰주세요.

TIP

- 멸치다시마육수는 국물용 멸치 2마리, 다시마 1장을 물과 함께 끓여주세요. 멸치다시마육수 대신 다른 육수팩을 사용해도 좋아요.
- 소면을 삶는 시간은 제품 포장지에 기재된 조리 시간을 참고해주세요.
- 양념장을 한 번에 붓지 말고 소량씩 넣어 간을 맞춰주세요.

새우완자탕면

동글동글하고 탱글탱글한 새우완자는 소면과 잘 어울려요.
한입 크기로 만들면 아이들이 먹기에도 좋아요.

새우 50g, 당근 10g, 애호박 10g, 전분가루 1큰숟가락, 멸치다시마육수 250ml, 아기소금 1꼬집, 소면 50g

1 새우, 당근, 애호박은 잘게 다져주세요.

2 끓는 물에 소면을 넣고 약 3분간 삶아주세요. 찬물에 헹군 후 체에 밭쳐 물기를 빼주세요.

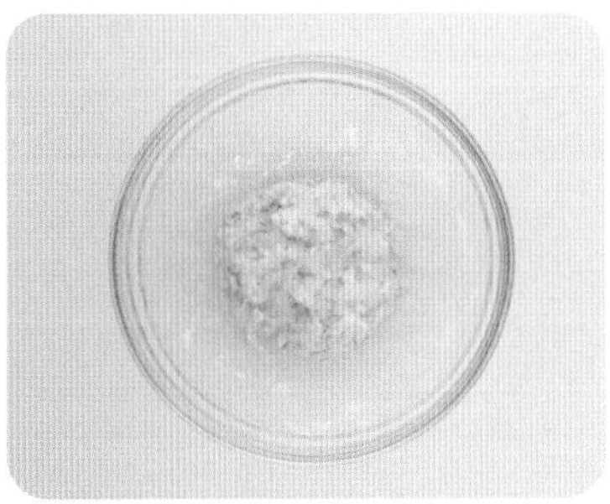

3 새우, 당근, 애호박을 볼에 담고 전분가루를 넣어 잘 섞어주세요.

4 새우완자를 동그랗게 빚어 찜기에서 약 10분간 쪄주세요.

5 멸치다시마육수를 약 3분간 끓여주세요.

6 멸치, 다시마를 건져내고 새우완자와 아기소금을 넣어 약 2분간 끓여주세요. 그릇에 면을 담고 육수를 붓고 새우완자를 넣어주세요.

TIP

- 껍질이 없는 냉동 새우살을 사용했어요. 냉동 새우는 해동 후에 물기를 뺀 다음 잘게 다져주세요.
- 소면을 삶는 시간은 제품 포장지에 기재된 조리 시간을 참고해주세요.
- 완자는 개당 10g 정도로 만들었어요. 티스푼 2개를 이용해 동그랗게 모양을 냈어요.
- 새우 자체에 간이 되어 있어 간을 강하게 하지 않았어요. 간이 부족하다면 소금을 추가해주세요.

새우크림카레우동

우동을 좋아하는 시니를 위해 크림소스와 카레를 섞어 만들었어요.
새우를 안 좋아하는 시니가 이 메뉴는 12분 만에 완밥한 기록을 세웠어요.

재료 새우 5마리(50g), 양파 10g, 대파 5g, 당근 10g, 카레가루 2티스푼, 우유 200ml, 아기치즈 1장, 우동면 100g

1 양파, 대파, 당근은 잘게 다져주세요.

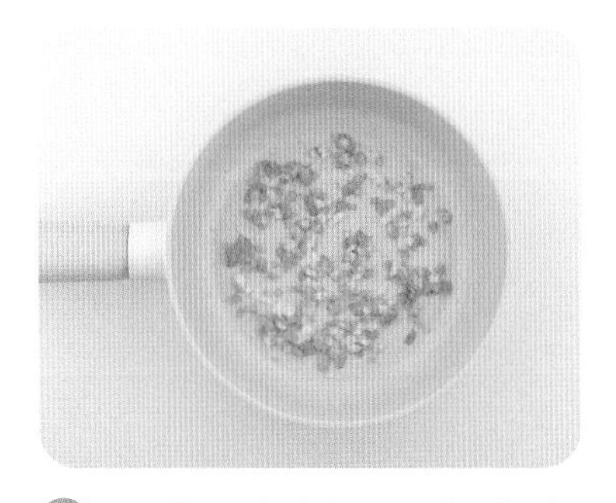

2 기름을 둘러 양파, 대파, 당근을 약 1분간 볶아주세요.

3 새우를 넣고 약 1분간 볶아주세요.

4 우유를 붓고 카레가루를 넣어 잘 저어주며 약 3분간 끓여주세요.

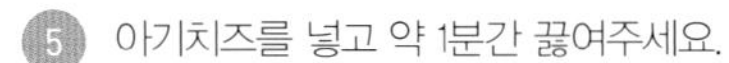

5 아기치즈를 넣고 약 1분간 끓여주세요.

6 우동면을 넣고 약 3분간 끓여주세요.

TIP

- 냉동 새우를 사용했어요. 새우를 잘게 다져도 좋아요.
- 우동면을 따로 삶아 넣어도 됩니다. 바로 넣는다면 살살 풀어주며 끓여주세요.

소고기가지파스타

크림파스타를 자주 해주다가 새로운 양념의 파스타를 먹여보려고 만들어보았어요.
소고기가지볶음이 파스타면과 잘 어울립니다. 아이가 정말 맛있다며 13분 만에 완밥했어요.

소고기 다짐육 30g, 가지 30g, 양파 20g, 파스타면 20g

면수 30ml, 아기간장 1티스푼, 올리고당 1티스푼, 맛술 0.5티스푼

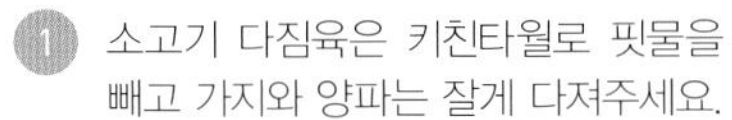

1 소고기 다짐육은 키친타월로 핏물을 빼고 가지와 양파는 잘게 다져주세요.

2 파스타면을 약 10분간 삶은 후 체에 밭쳐 물기를 빼주세요.

3 기름을 둘러 소고기 다짐육을 약 1분간 볶아주세요.

4 가지와 양파를 넣고 약 1분간 볶아주세요.

5 분량의 양념을 넣고 약 1분간 볶아주세요.

6 파스타면을 넣어 양념에 섞어주며 약 1분간 볶아주세요.

- 파스타면을 삶는 시간은 제품 포장지에 기재된 조리 시간을 참고해주세요.
- 면 삶은 물은 양념에 필요하니 버리지 말고 활용해주세요.

김크림파스타

김을 좋아하는 아이를 위해 만들어본 메뉴입니다. 김이 고소해서 따로 간을 하지 않아도 맛있어요.
특별한 재료가 없어도 근사한 파스타를 만들 수 있으니 꼭 만들어보세요.

당근 10g, 애호박 10g, 양파 10g, 구운 김 2g(김밥용 김 1장), 우유 200ml, 아기치즈 1장, 파스타면 30g

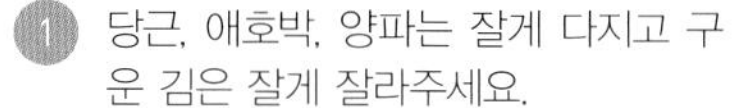

1. 당근, 애호박, 양파는 잘게 다지고 구운 김은 잘게 잘라주세요.
2. 파스타 면을 10분간 삶은 후 체에 밭쳐 물기를 빼주세요.

3. 기름을 둘러 당근, 애호박, 양파를 약 1분간 볶아주세요.
4. 우유를 넣고 약 3분간 끓인 후 아기치즈를 넣어 1분간 저어주며 끓여주세요.

5. 파스타면을 넣고 약 2분간 끓여주세요.
6. 김을 넣고 약 1분간 섞어주며 끓여주세요.

- 김은 김밥용 구운 김을 사용했어요. 집에 있는 아기김, 조미김 등 다양한 김을 사용해도 좋아요.
- 파스타면을 삶는 시간은 제품 포장지에 기재된 조리 시간을 참고해주세요.
- 우유는 식으면서 농도가 되직해지니 원하는 농도보다 묽은 상태일 때 가스불을 꺼주세요.

명란크림파스타

명란젓을 넣어 만든 간단하고 맛있는 크림파스타예요. 저염 명란젓을 넣어 많이 짜지 않고 감칠맛을 더했어요.
명란젓을 처음 접하는 아이라면 명란젓의 양을 조금 줄여도 좋아요.

저염 명란젓 20g, 양파 30g, 다진 마늘 1g, 대파 5g, 우유 200ml, 아기치즈 1장, 파스타면 30g

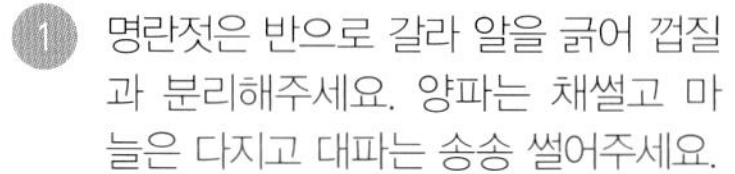

1 명란젓은 반으로 갈라 알을 긁어 껍질과 분리해주세요. 양파는 채썰고 마늘은 다지고 대파는 송송 썰어주세요.

2 파스타면을 약 10분간 삶은 후 체에 밭쳐 물기를 빼주세요.

3 기름을 둘러 당근, 애호박, 양파를 약 1분간 볶아주세요.

4 우유를 붓고 명란젓을 넣어 약 3분간 끓여주세요.

5 아기치즈를 넣어 섞어주며 약 1분간 끓여주세요.

6 면과 대파를 넣어 섞어주며 약 1분간 끓여주세요.

TIP

- 파스타면을 삶는 시간은 제품 포장지에 기재된 조리 시간을 참고해주세요.
- 그릇에 담은 후에 파스타 위에 명란젓을 올려 데코해도 좋아요.

맛도 있고 몸에도 좋은 간식

감자팝콘

작은 감자를 팝콘 모양처럼 튀겨 감자팝콘이라 이름 지었어요.
케첩을 곁들여도 맛있답니다.

 감자 1개, 부침가루 조금, 달걀 조금, 빵가루 조금

1 감자는 작게 깍둑썰기를 하고 달걀은 풀어주세요.

2 감자는 소량의 물과 함께 전자레인지에 약 1분간 돌려주세요.

3 부침가루-달걀-빵가루 순서로 튀김옷을 입혀주세요.

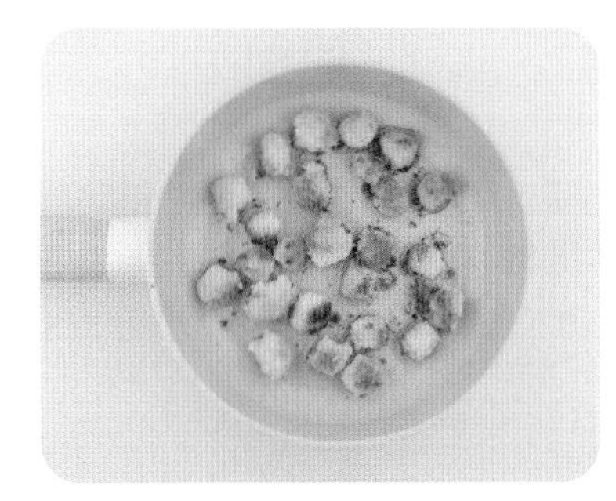

4 기름을 넉넉하게 둘러 예열한 후 감자를 튀겨주세요.

• 감자는 살짝만 익혀주세요(과정 2).

감자토스트

토스트 모양의 도톰한 감자달걀전입니다.
겉은 바삭하고 안에는 치즈가 녹아 촉촉해서 아이들이 좋아해요. 아침에 밥 대신 먹어도 든든해요.

감자 150g(1~2개)
달걀 1개
아기소금 1꼬집
아기치즈 1장

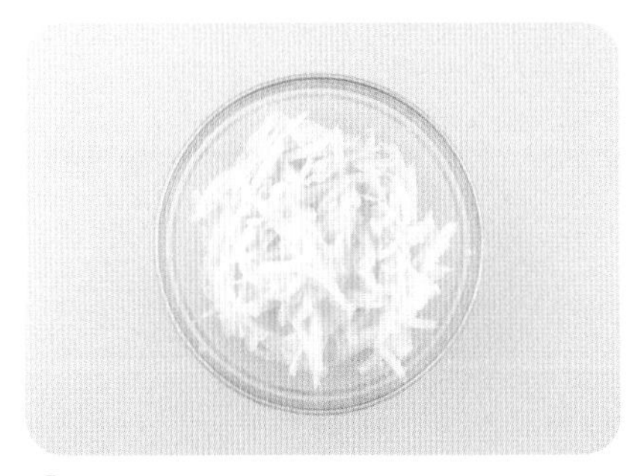

1. 감자는 채칼을 이용해 아주 잘게 채썰고 물로 헹궈 전분을 제거하고 물기를 꾹 짜주세요. 달걀은 풀어주세요.
2. 감자와 달걀을 섞고 소금을 넣어 간을 맞춰주세요.

3. 기름을 둘러 감자달걀물을 붓고 약 2~3분간 굽다가 뒤집고 반대쪽을 약 2분간 구워주세요.

4. 아기치즈를 달걀 위에 올린 후 반 접어 약불에 약 1분간 구워주세요.

TIP

- 채칼이 없다면 아주 잘게 채썰어주세요.
- 소금은 생략 가능해요.
- 감자달걀물을 도톰하고 촘촘하게 팬에 깔아 구워주세요. 네모 모양의 달걀말이팬을 사용하면 더 좋아요.
- 치즈가 녹으면 가스불을 꺼주세요.

달걀감자샐러드빵

간단하게 먹을 수 있는 샐러드빵입니다. 달걀과 감자의 부드러움 속에 오이와 당근이 씹혀 식감이 재미있습니다.
허니 머스터드소스를 살짝 넣으면 엄마, 아빠 디저트로 좋아요.

달걀 1개, 감자 70g, 오이 10g, 당근 10g, 모닝빵 2개

마요네즈 1큰술가락, 설탕 1티스푼

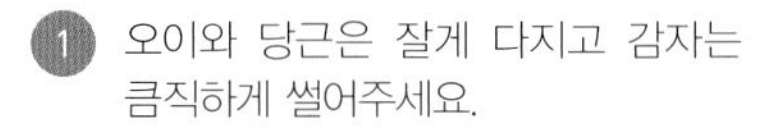

1. 오이와 당근은 잘게 다지고 감자는 큼직하게 썰어주세요.
2. 달걀은 약 12분간 삶은 후 으깨주세요.

3. 감자를 소량의 물과 함께 전자레인지에 약 3분간 돌려 익힌 후 잘게 으깨주세요.
4. 볼에 감자, 달걀, 오이, 당근을 넣고 마요네즈와 설탕을 넣어 버무려주세요.

5. 모닝빵을 반으로 가른 후 모닝빵 속에 달걀감자샐러드를 넣어 채워주세요.

TIP

- 달걀은 완전히 익혀주세요.
- 감자는 전자레인지 대신 냄비에 찌거나 삶아 익혀도 좋아요.
- 설탕은 생략 가능해요.

고구마치즈호떡

고구마를 좋아하는 아이에게 최고의 간식이에요.
부드럽고 달콤한 고구마 안에 아기치즈를 넣어 구워 만들었습니다. 다른 간을 추가하지 않아도 맛있어요.

고구마 100g(1개), 아기치즈 1장

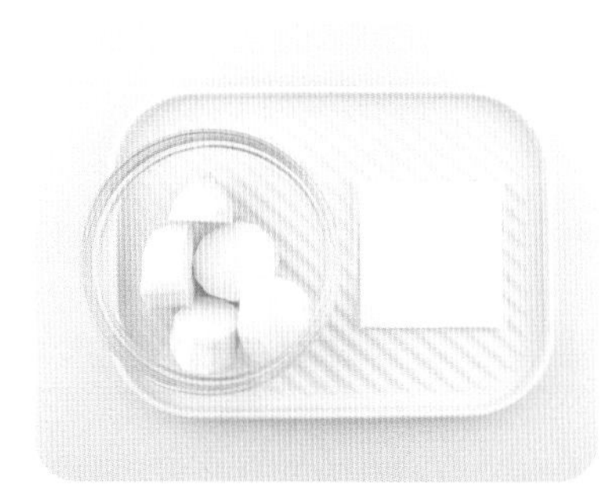

① 고구마는 큼직하게 썰고 아기치즈는 4등분해주세요.

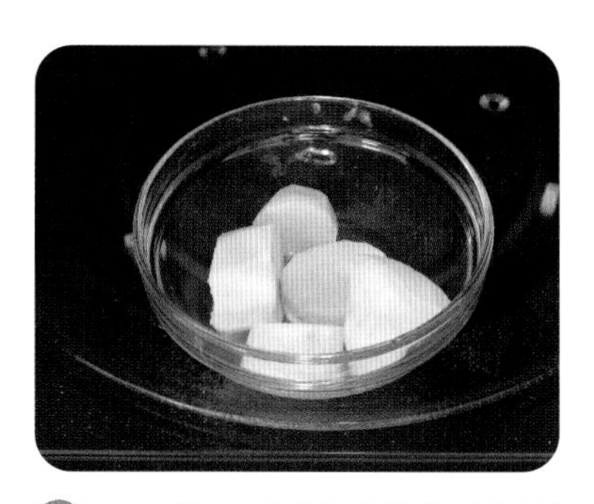

② 고구마는 소량의 물과 함께 전자레인지에 약 3분간 돌려 익혀주세요.

③ 물은 버리고 매셔나 포크로 고구마를 으깨주세요.

④ 고구마를 뜨거운 상태에서 꾹꾹 눌러 뭉친 후 납작하게 눌러주세요. 아기치즈를 접어 넣고 동그랗게 뭉친 후 호떡 모양으로 눌러주세요.

⑤ 기름을 둘러 고구마를 뒤집어가며 노릇하게 약 2분간 구워주세요.

TIP

- 고구마는 냄비에 찌거나 삶아도 좋아요(과정 2).
- 고구마가 식으면 잘 뭉쳐지지 않으니 주의해주세요.
- 쫀득한 식감을 느끼고 싶으면 전분가루를 1~2큰술가락 넣어 만들어주세요.
- 고구마는 이미 익힌 상태이기 때문에 오래 굽지 않아도 돼요.

채소너겟

채소를 싫어하는 아이도 잘 먹는 간식입니다. 채소를 아주 잘게 다진 후 반죽을 만들어 뭉쳐 튀겼어요.
채소를 싫어하던 아이가 맞나 싶을 정도로 아이가 잘 먹을 거예요.

당근 15g, 양파 15g, 애호박 15g, 부침가루 15g, 물 10ml, 빵가루 조금

1. 당근, 양파, 애호박은 아주 잘게 다져주세요.
2. 볼에 다진 재료를 넣고 부침가루와 물을 넣어 섞어주세요.

3. 비닐장갑을 끼고 아이가 먹을 정도의 크기로 뭉쳐 너겟 모양을 만들어주세요.
4. 빵가루를 골고루 묻혀주세요.

5. 기름을 넉넉하게 둘러 예열한 후 너겟을 뒤집어가며 약 3분간 튀겨주세요.

• 비닐장갑에 반죽이 묻지 않을 정도로 되직한 농도입니다.

간장크림떡볶이

궁중떡볶이와 크림떡볶이를 섞은 간장크림떡볶이입니다.
우유가 간장과 만나 더 깊고 풍부한 맛을 냅니다.

 (2인분) 소고기 다짐육 40g, 떡 120g(15개), 양파 20g, 우유 200ml, 아기간장 1.5티스푼, 아기치즈 1장

1 소고기 다짐육은 키친타월로 핏물을 빼고 떡은 물에 30분간 불리고 양파는 채썰어주세요.

2 기름을 둘러 소고기 다짐육을 약 1분간 볶아주세요.

3 양파를 넣고 약 1분간 볶아주세요.

4 우유를 붓고 떡을 넣고 약 3분간 끓여주세요.

5 아기간장을 넣어 잘 섞어주며 약 2분간 끓여주세요.

6 아기치즈를 넣어 녹이며 원하는 농도가 될 때까지 졸여주세요.

• 소고기 다짐육은 앞다릿살을 사용했어요.

고구마달걀전

퍽퍽한 고구마에 달걀을 부어 전을 만들면 부드러워 아이들이 잘 먹어요.
아침 대용으로도 좋은 메뉴입니다.

고구마 100g(1개)
달걀 1개
우유 20ml
아기소금 1꼬집

1. 고구마는 잘게 다지고 달걀은 풀어주세요.

2. 볼에 고구마를 넣고 달걀물과 우유, 아기소금을 넣고 섞어주세요.

3. 기름을 둘러 고구마달걀물을 붓고 2~3분간 구워주세요.

4. 뒤집어주며 노릇노릇하게 구워주세요.

TIP

• 우유는 생략 가능해요.

고구마그라탕

고구마는 아이들이 좋아하는 재료 중 하나이지요.
깍둑썰기를 한 고구마를 우유에 졸여 아기치즈와 함께 구워냈어요.

고구마 100g(1개)
우유 50ml
아기치즈 1장

1. 고구마는 작게 깍둑썰기를 하고 물에 여러 번 헹궈 전분기를 빼고 체에 밭쳐 물기를 제거해주세요.

2. 기름을 둘러 고구마를 약 1분간 볶아주세요.

3. 우유를 부어 약 2분간 졸여주세요.

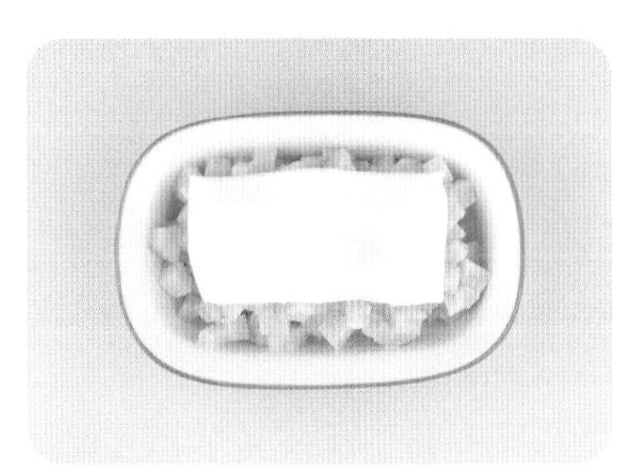

4. 아기치즈를 이등분하여 오븐이 가능한 용기에 고구마, 아기치즈, 고구마, 아기치즈 순으로 깔아주세요.

5. 오븐을 예열한 후 180℃에서 10~15분간 구워주세요.

- 유리나 실리콘 용기를 사용해주세요.
- 오븐 제조사마다 사양이 다르니 시간은 참고만 해주세요.

새우프리타타

프리타타는 달걀을 풀어 여러 재료를 넣어 만든 이탈리아식 오믈렛이에요.
새우를 넣어 쫄깃한 식감으로 만들어봤어요. 다른 재료를 활용해 만들어도 좋아요.

새우 40g(4마리), 달걀 1개, 우유 20ml, 양파 20g

1 새우 4마리 중 2마리는 잘게 다지고 달걀은 풀어주세요. 양파는 잘게 다져주세요.

2 기름을 둘러 약 1분간 양파와 다진 새우와 통새우를 볶아주세요.

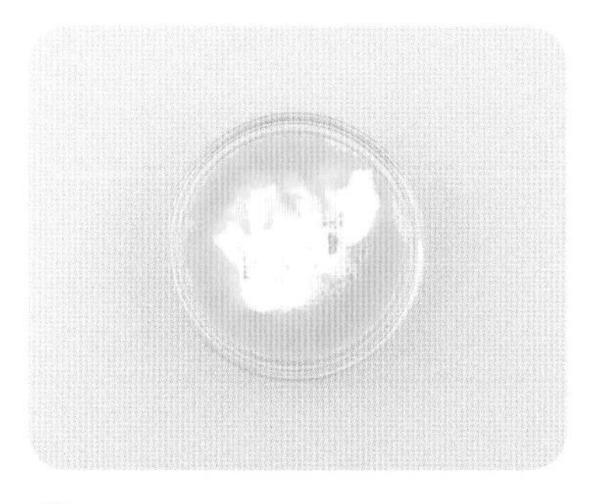

3 달걀물에 우유를 섞어주세요.

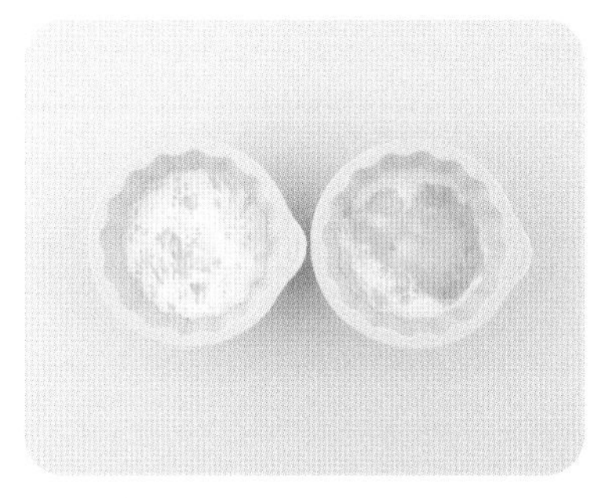

4 실리콘 틀이나 유리 용기에 볶은 재료 중 다진 새우와 양파를 먼저 넣고 우유 섞은 달걀물을 부은 후 통새우를 마지막에 올려주세요.

5 오븐을 예열한 후 180℃에서 10~15분간 구워주세요.

TIP

- 냉동 새우를 해동 후에 조리했어요.
- 오븐 제조사마다 사양이 다르니 시간은 참고만 해주세요.

해시브라운

감자를 대량으로 구매하면 꼭 만들던 메뉴예요.
만들기가 어렵지 않아서 넉넉히 만들어 냉동실에 쟁여두었어요. 간식으로도, 반찬으로도 좋아요.

감자 200g(2개), 감자전분가루 1큰숟가락, 아기소금 2꼬집

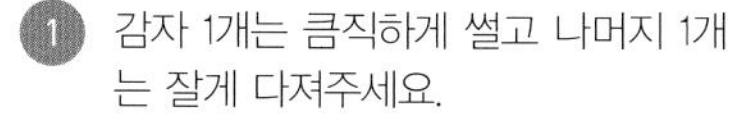

1 감자 1개는 큼직하게 썰고 나머지 1개는 잘게 다져주세요.

2 큼직하게 썬 감자를 소량의 물과 함께 전자레인지에 약 3분간 돌려 완전히 익힌 후 으깨주세요.

3 으깬 감자에 다진 생감자, 전분가루, 아기소금을 넣어 잘 섞어주세요.

4 감자를 손으로 꾹꾹 눌러 뭉친 후 네모나게 모양을 내주세요.

5 기름을 둘러 예열한 후 3~4분간 뒤집어 가며 감자를 튀겨주세요.

TIP

- 감자는 찜기에 찌거나 냄비에 삶아도 좋아요. 뜨거운 상태에서 포크나 매셔를 이용해 으깨주세요(과정 2).
- 열기가 남아 있어야 잘 뭉쳐져요. 개당 25~30g이 적당해요(과정 4).
- 감자 반죽이 남으면 과정 4까지 만든 후 냉동실에 넣어 보관하세요.

까르보나라치킨

치킨을 바삭하게 튀겨 크림소스로 버무린 메뉴예요.
아이들이 잘 먹었다는 후기가 많았던 메뉴입니다. 오후 간식으로 추천해요.

닭다릿살 50g, 전분가루 2큰술가락, 양파 30g, 다진 마늘 1g, 우유 80ml, 아기치즈 1장

1 닭다릿살은 먹기 좋게 썰고 양파와 마늘은 잘게 다져주세요.

2 닭다릿살에 전분가루를 입혀주세요.

3 기름을 둘러 약 3분간 뒤집어가며 닭을 튀겨주세요.

4 기름을 둘러 양파를 약 1분간 볶다가 우유를 부어 끓여주세요.

5 우유가 끓어오르면 아기치즈를 넣어 섞어주며 약 1분간 끓여주세요.

6 튀긴 닭고기를 넣어 버무리며 원하는 농도가 될 때까지 약 2분간 끓여주세요.

TIP

- 닭다릿살 대신 닭고기나 닭안심살을 사용해도 좋아요.
- 겉면이 익기 전에는 전분끼리 붙을 수 있으니 서로 간격을 두고 튀겨주세요(과정 3).

당근치즈전

당근을 기름에 볶으면 달큼해져요. 부침가루를 섞어 당근전을 부친 후에 아기치즈를 올려보세요.
당근을 싫어하는 아이도 잘 먹게 되는 마법 같은 메뉴입니다.

당근 50g
부침가루 25g
물 20ml

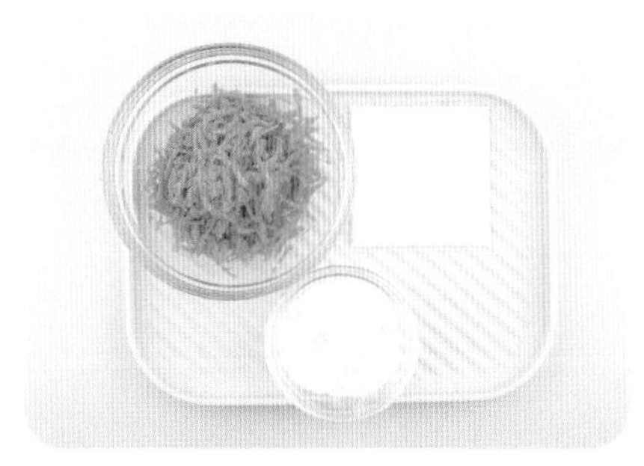

1 당근은 채칼을 이용해 아주 얇게 채썰어주세요.

2 볼에 당근을 담고 부침가루와 물을 섞어주세요.

3 기름을 둘러 당근 반죽을 동그랗게 모양내어 뒤집어가며 약 2분간 구워주세요.

4 한 번 더 뒤집은 후에 당근전 크기에 맞춰 4등분한 아기치즈를 올려주세요. 약 30초간 구워주며 아기치즈를 녹여주세요.

- 약 1분간 굽다가 뒤집은 후 약 1분간 더 구워주세요(과정 3).
- 열기가 강하면 가스불을 끄고 잔열에 녹여주세요(과정 4).

두부달걀전

NO밀가루 버전 두부동그랑땡인 두부달걀전입니다.
두툼하고 부드러워 아이가 잘 먹습니다.

두부 80g, 달걀 1개, 당근 10g, 애호박 10g, 양파 10g, 아기소금 1~2꼬집

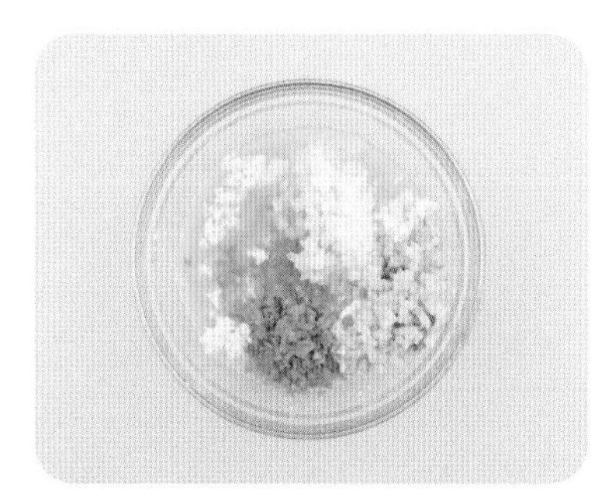

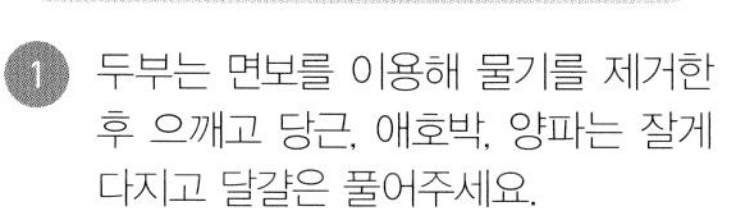

1 두부는 면보를 이용해 물기를 제거한 후 으깨고 당근, 애호박, 양파는 잘게 다지고 달걀은 풀어주세요.

2 볼에 두부, 달걀, 당근, 애호박, 양파를 담고 아기소금을 넣어 잘 섞어주세요.

3 기름을 둘러 두부를 동그랗게 모양내어 약 1분간 굽다가 그 위에 두툼하게 두부를 더 올려 약 1분간 구워주세요.

4 두부를 뒤집은 후 뚜껑을 닫아 중약불에 약 1분간 더 구워주세요.

- 면보가 없으면 키친타월을 여러 겹 겹쳐 두부를 꾹 눌러 물기를 제거해주세요.
- 한 번에 두부를 많이 올리면 옆으로 퍼져서 두께가 얇아지니 주의하세요.

크래미감자봉

인스타그램에서 소풍 도시락으로 소개했던 메뉴입니다.
아기자기하고 맛도 좋아서 엄마와 아이들에게 인기 만점이었어요. 케첩을 곁들여도 좋아요.

 감자 1개, 크래미 1개, 밀가루 조금, 달걀 조금, 빵가루 조금

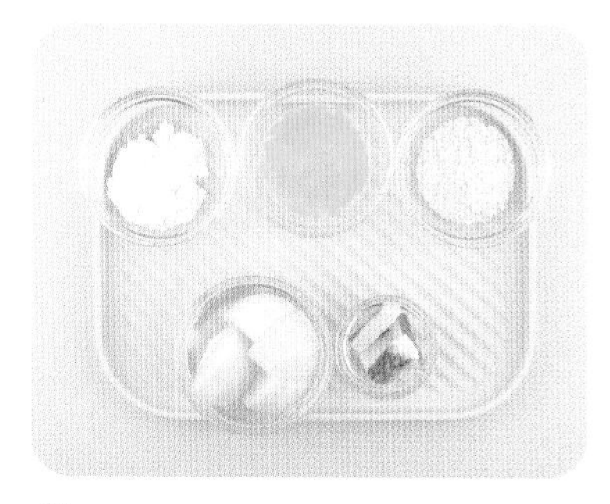

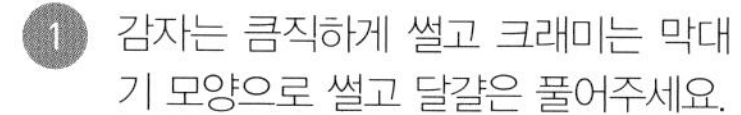

1 감자는 큼직하게 썰고 크래미는 막대기 모양으로 썰고 달걀은 풀어주세요.

2 감자는 소량의 물과 함께 전자레인지에 약 3분간 돌려 익힌 후 으깨주세요.

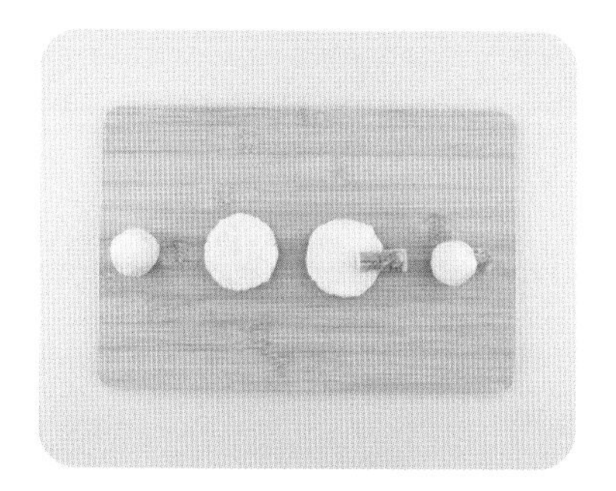

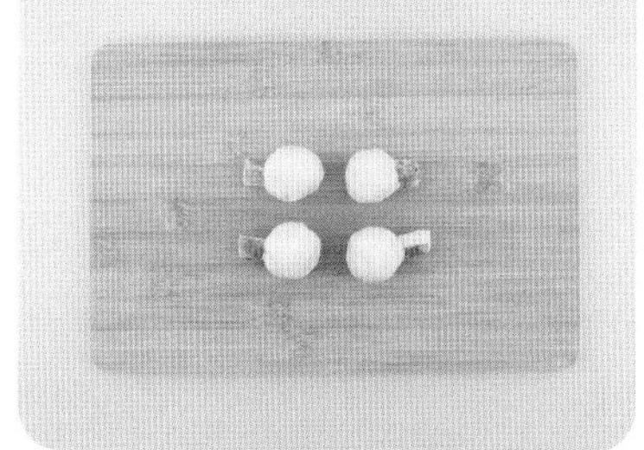

3 감자가 식기 전에 꾹꾹 눌러 뭉친 후 납작하게 눌러 크래미를 감자로 감싸주세요.

4 밀가루, 달걀, 빵가루 순으로 튀김옷을 입혀주세요.

5 기름을 넉넉하게 둘러 예열한 후 크래미감자봉을 넣어 1~2분간 튀겨주세요.

TIP

- 감자는 뜨거운 상태에서 매셔나 포크로 으깨주세요.
- 감자는 이미 익힌 상태이므로 오래 튀기지 않아도 됩니다.

두부맛탕

고구마 대신 두부로 만든 맛탕입니다.
한입 크기로 썬 두부를 바삭하게 튀겨 올리고당에 버무렸어요. 반찬으로도 좋아요.

두부 70g, 튀김가루 조금, 반죽물(튀김가루 1큰술가락+물 20ml), 올리고당 1큰술가락

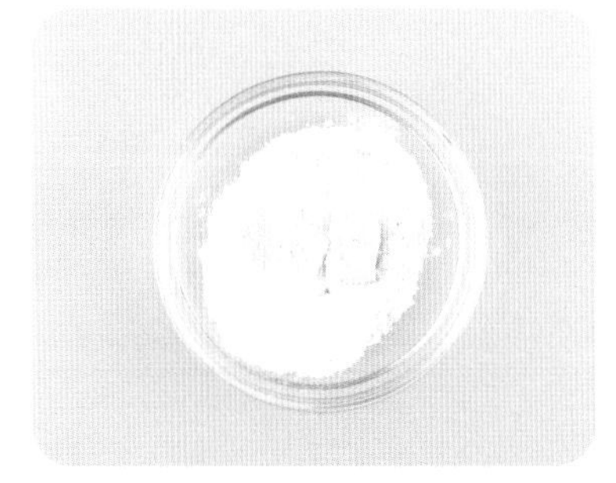

1. 두부는 키친타월로 물기를 제거하고 작게 깍둑썰기를 해주세요. 물과 튀김가루는 2:1 비율로 섞어 묽은 반죽물을 만들어주세요.
2. 두부를 튀김가루, 반죽물 순서로 튀김옷을 입혀주세요.

3. 기름을 둘러 예열한 후 약 4분간 튀겨주세요.

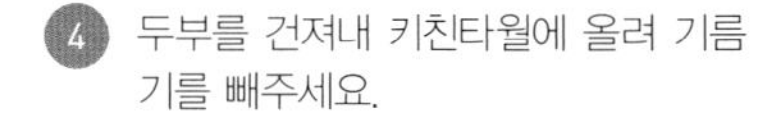

4. 두부를 건져내 키친타월에 올려 기름기를 빼주세요.

5. 기름을 소량 남긴 후 올리고당을 넣고 약 20초간 끓여주세요. 올리고당이 끓어오르면 두부를 넣고 약 30초간 빠르게 버무려주세요.
6. 통깨를 뿌려 마무리해주세요.

- 튀김가루 대신 부침가루, 밀가루, 전분가루를 사용해도 돼요.

찾아보기 (가나다 순)

ㅇ

ㅈ

ㅊ

ㅋ

ㅌ

ㅍ

ㅎ

주 재료별 찾아보기